U0146509

高职高专艺术设计类规划教材建设单位

（按照汉语拼音排序）

北京电子科技职业学院
北京联合大学平谷学院
长江职业技术学院
东北大学东软信息学院
海口经济学院
河北能源建材职业技术学校
河南财政税务高等专科学校
河南工程学院
河南焦作大学
河南经贸职业学校
河南艺术职业学院
鹤壁职业技术学院
湖北轻工职业技术学院
金华职业技术学院
辽宁大学
辽宁经济职业技术学院
辽宁省交通高等专科学校
洛阳理工学院
漯河职业技术学院
南通职业大学
濮阳职业技术学院
山东英才学院
沈阳师范学院
沈阳现代美术学校
沈阳新华印刷厂
四川烹饪高等专科学校
武汉工业职业技术学院
西安机电信息学院
郑州电子职业技术学院
郑州航空工业管理学院
郑州轻工业学院轻工职业学院

GAOZHI GAOZHUAN
YISHU SHEJILEI
GUIHUA JIAOCAI

高职高专艺术设计类规划教材

POP设计与制作

刘亚丹　王俊波　主　编
房　丹　路　娟　副主编

POP
SHEJI
YU
ZHIZUO

化学工业出版社
·北　京·

POP广告以其制作成本低、形式变化灵活、传达速度快、反馈信息准等特性成为现今商业经营中一种最有效、最广泛、最实用的不可或缺的手段和策略。

本书将手绘POP字体的技法和技巧作为重点进行讲解（包括文案策划、字体设计、插图设计、版式构成、色彩设计、广告创意等），同时在如何有效地体现广告内容，以及如何使手绘POP广告更具视觉冲击力等方面都有很好的剖析。

本书适合于高职高专院校艺术设计、广告设计等相关专业的师生使用，也适合普通的POP爱好者学习参考。

图书在版编目（CIP）数据

POP设计与制作/刘亚丹，王俊波主编. —北京：化学工业出版社，2011.7
高职高专艺术设计类规划教材
ISBN 978-7-122-10958-3

Ⅰ.P… Ⅱ.①刘… ②王… Ⅲ.广告-设计-高等职业教育-教材 Ⅳ.J524.3

中国版本图书馆CIP数据核字（2011）第062146号

责任编辑：李彦玲　　装帧设计：尹琳琳
责任校对：王素芹

出版发行：化学工业出版社（北京市东城区青年湖南街13号　邮政编码100011）
印　　装：北京画中画印刷有限公司
787mm×1092mm　1/16　印张 7　字数 183 千字　2011年6月北京第1版第1次印刷

购书咨询：010-64518888（传真：010-64519686）　售后服务：010-64518899
网　　址：http://www.cip.com.cn
凡购买本书，如有缺损质量问题，本社销售中心负责调换。

定　价：29.80元

序

时代的发展和变革无疑影响并深化着我们对于艺术设计的理解和认识，学习艺术设计必须从设计的本质和时代的特征等深层面去进行解读。设计是一种“有目的的创作行为”，是人的本质力量的显现；同时，艺术设计也是一种文化，体现了人文思想和人文情怀，闪烁着人类智慧的光芒；然而，设计也是一种对自我行为的标示和肯定，是一种把计划、规划、设想通过视觉的形式或物化的形态传达出来的创造性活动，在这个活动过程中我们建立起自己的生活方式。人类最基础、最重要的创造是造物，我们可以把任何造物活动的预想、计划和实施过程理解为设计，而在目前全球经济一体化的背景下，艺术设计作为一种文化产业无疑是推动社会经济发展的主要增长点之一。

随着艺术设计在中国的发展，设计作为一门独立的艺术学科已成为向社会生产和社会生活各领域全面渗透的开放性体系。艺术设计也是一门综合性极强的学科，它涉及社会、经济、历史、文化、科学、技术等诸多方面的因素，其审美标准也随着这诸多因素的变化而改变。实践证明：艺术设计贵在创新，艺术设计的成果实际上也是设计者自身综合素质的体现。虽然各个专业对设计者的知识结构要求不尽相同，但不论是平面的还是立体的设计，我们首先要面对的是一个对所设计对象的理解——即与设计对象相关的文化背景、地理环境、历史沿革、材料技术、风俗习惯的理解。基于此，艺术设计这个命题在当前具有很强的文化学意义。近几年来，艺术学科的建设，特别是艺术设计教育越来越引起人们的广泛关注与重视。各艺术教育院校都在积极推进教学改革和加强教材建设，这对我国的艺术设计学科建设必将产生重要影响。

综上所述，化学工业出版社审时度势推出艺术设计专业平面类职业教育规划教材，无疑是对于艺术设计职业教育的一种推动，并将对艺术设计学科的建设和发展带来新的气息。出版社对此项系列教材的开发和各个环节都进行了认真充分的准备，各位编委及作者都是国内各相关院校教学一线的骨干；全套教材特色显著，首先是高等职业教育的特色定位准确，突出了高职教育的特点；其次是内容精炼并有机地结合了各位作者自身的优势；图文并茂而不失严谨，可读性强、容易理解，加强了对教材的设计、装帧、印刷等环节的质量要求，做到了形式与内容并重，体现出高等职业教育艺术设计类教材的新面貌。

可以预见本系列教材的实用性和适用性将会使教材具有很好的推广价值，对于广大专业人士和艺术设计爱好者来说也具有借鉴和指导意义。我们期待着这套教材能为我国高等职业教育的发展和改革提供参考，也希望这部教材能够在艺术设计教育界同仁们的教学中不断得到修正、丰富和完善。

是为序。

孙建君

2009年5月于北京

前言

随着中国经济的高速发展，商品的更新换代越来越快，传统广告由于成本高、制作慢、更换时间长、宣传场地要求高等缺点，已不能满足现代商品宣传的需求，急需一种新的广告形式来代替。成本低廉、简单快捷，具有其他促销售广告所无法比拟的优势的手绘POP广告，由于它突出的优势，在国际零售行业中，得到很多商家的重视，发展速度呈几何级数增长，很快就担负起了商品销售的重要角色。

手绘POP广告的特点和优势如下。

1. POP海报以醒目的色彩搭配、灵活多变的版式布局、易认易读的字体、幽默夸张的插图，向消费者宣传和传递商品的特色。

2. POP广告不借助任何机械设备，亲手使用专用POP书写工具绘制出色彩鲜艳、图文并茂的表达促销之意的POP海报，手绘POP海报的制作成本较低，可大大缩短制作时间，具有较强的机动性、灵活性、快捷性。

3. POP作品流露出的亲切感是其他印刷品所不能表达出来的，它的亲和力最能刺激消费者潜在的购买欲望，使消费者产生冲动，为经营者带来商机。

4. POP作品能够配合卖场整体格调的搭配，既有助于推销商品，又能营造出卖场的热卖氛围。

正是由于具有以上诸多优点，POP广告已成为当今时代的佼佼者。手绘POP广告本身不具有电视广告、报纸等新闻媒体那样的促销力度，但它却具有制作成本低、形式变化活、传达速度快、反馈信息准的主要特性，从而成为现今商业经营竞争中一种最有效、最广泛、最实用的不可缺乏的手段和策略。

如何能更有效地体现广告内容，如何让手绘POP广告更具视觉冲击力，这是每一名POP设计人员都应深入思考的问题。这就要求我们要对POP的每一个组成部分进行研究、学习，从文案策划、字体设计、插图设计、版式构成、色彩设计到广告创意等，都需要各种知识的综合运用，要成为一名成熟的设计师并创作出完美的POP广告作品，必须要进行系统扎实的训练。

本书结合POP设计的特点，把手绘POP字体的技法和技巧作为本书的重点进行了讲解（包括文案策划、字体设计、插图设计、版式构成、色彩设计到广告创意等），同时在如何有效地体现广告内容，以及如何加强手绘POP广告更具视觉冲击力等方面都有很好的剖析。

本书由经验丰富的高校教师集体编写而成。主编为刘亚丹、王俊波，副主编为房丹、路娟，参编人员为杨璐、张琰、杨柳。在此感谢中国POP协会的部分成员的大力支持，以及化学工业出版社的通力合作。最后，本书作者希望各位专家、同仁，对于我们编写不足和疏漏之处给予批评指正。

编者

2011年4月

目 录

第4章 POP广告策划

第5章 POP广告的平面设计原理

第6章 POP广告应用部分

1.1 POP广告的起源与发展

1.1.1 POP广告的起源

POP广告只是一个称谓，但是就其形式来看，在我国古代，酒店外面挂的酒葫芦、酒旗，饭店外面挂的幌子，客栈外面悬挂的幡帜，药店门口挂的药葫芦、膏药或配钥匙店外面挂的大钥匙等，甚至逢年过节和遇有喜庆之事的张灯结彩等，都可谓POP广告的鼻祖（图1-1、图1-2）。

POP广告起源于美国的超级市场和自助商店的店头广告。20世纪30年代以后，POP广告在超市、连锁店等自助式商店频繁出现，于是逐渐为商界所重视。1939年，美国POP广告协会正式成立后，POP广告获得正式的地位。20世纪60年代以后，超级市场这种自助式销售方式由美国逐渐扩展到世界各地，因此POP广告也随之走向世界各地。

在市场竞争日益加剧的时代，POP广告也随之不断创新，作为POP广告的载体——推广物料的形式、材质也在不断革新。人们在超级市场等自助式销售的商店中购物时，身边需要及时贴心的购买引导，但是只有少量的导购人员可以来帮助顾客，此

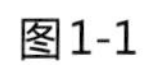
图1-1

图1-2

时商家想到了用POP广告来代替导购员，即用不同样式、具有提示和诱发兴致的广告来传达产品的特征、优惠方式、价格、产地等信息，这便是POP广告产生的缘由，可以说它是社会经济发展的必然产物。此后，运用于店铺中提供商品信息、促进销售的所有广告实物和宣传手法便被称为POP广告。

1.1.2　POP广告的定义

POP是英文point of purchase的缩写，意为“卖点广告”。其主要商业用途是刺激引导消费和活跃卖场气氛。它的形式有户外招牌、展板、橱窗海报、店内台牌、价目表、吊旗等。它的作用是能有效地吸引顾客的视点，唤起购买欲。它作为一种低价高效的广告方式已被广泛应用。

1.1.3　POP广告的特点

（1）节约成本和时间

利用专用的POP笔材（马克笔、水粉笔等）通过手工绘制完成，耗材少成本低，节约费用开支，制作速度快，省时，具有很强的机动性、灵活性（图1-3）。

图1-3

（2）刺激消费者的购买欲望

消费者在日常生活中，已经通过电视等媒体对部分企业或产品的宣传广告有所了解，但是在购买商品的刹那间难以想起传播媒体的广告内容，此时利用手绘POP广告在现场的展示，就能很好地唤起消费者的潜在意识，回忆起商品的相关信息、特点等，促成购买行为（图1-4）。

图1-4

（3）无声的售货员

手绘POP广告有“无声的售货员”和“最忠实的推销员”的美誉，在超市、卖场中，当消费者面对诸多商品而无法选择时，在商品周围引人入胜的手绘POP广告就起到了作用，它无声地、忠实地、耐心地不断向消费者提供商品信息，以起到刺激消费者购买欲望的作用（图1-5）。

图1-5

（4）富有亲和力和亲切感

手绘POP广告对比鲜明的色彩，灵活多变的造型，幽默夸张的图案，准确生动的语言，可以营造强烈的营销氛围，吸引不同层次的消费者的眼球，引领消费（图1-6）。

图1-6

（5）提升企业的形象

随着商业竞争的日益激烈，企业知名度的高低直接决定着企业的生死存亡，因此，在企业为自身产品做广告的同时更注重的是企业形象的宣传，手绘POP广告同其他广告一样，在销售环境中可以树立和提升企业形象，保持与消费者的良好关系（图1-7）。

图1-7

（6）手绘POP艺术是商业意识和人文艺术的结合

商业意识孕育了手绘POP，手绘POP结合了人文艺术。手绘POP已经是一种专门艺术，从专业角度讲，已是一门学科，在书城、超市等地，会出现大量的色彩鲜艳、图文并茂的具有亲切感促销之意的POP海报，给消费者一种强烈的亲和力，让消费者在购物的同时充分地体会到商家服务的细致贴心，处处体现了商家的以人为本，让消费者愉快地完成购物。

1.1.4 POP广告的发展趋势

近些年来，受社会经济的强烈影响，POP广告也在不断地创新和发展，呈现如下发展趋势。

（1）从形式上分析

a. 系列POP广告

商品在推出的初级阶段，为了在短期内形成一个强劲的销售气氛，必须有效地将多种广告相配合进行促销，此时单一的POP广告已经不能胜任，为此，多种类型的系列POP广告媒介同时使用，可以营造强烈的销售氛围，使营业额急速提高，所以，现在POP广告已从单一化向系列化发展。

b. 新技术、新材料、新工艺的吸收与综合

随着科学技术的不断发展，新技术、新工艺、新材料不断涌现，将声、光、电、激光、电脑、自动控制等技术与POP广告相结合，产生一批全新的POP广告形式。运用高科技制作POP广告，虽然成本较高，但是其效果却是普通POP广告所无法比拟的。

c. 手绘式POP广告

制作POP广告的方法很多，大致可分为手绘的和机械处理的两种。手绘式POP广告，就是以手绘的方法去制作POP广告，日本的超市在20世纪60年代以后就开始大量应用手绘式POP广告来标注商品的品名与价格，以后这种形式在其他行业也开始陆续被使用。马克笔等绘制工具的出现与应用，更推动了手绘式POP广告的发展，并传向其他国家。

手绘式POP广告是商场内POP广告的一种，它不需花费太多制作经费，不需精美的印刷加工，只需少许创意和一些简单的工具，就可以随手绘写出漂亮的POP广告。其特点是可以迅速提供商品信息，与顾客沟通情感，其效果有时会超过机械制作的POP广告。

（2）从内容、特征、策略等方面分析

POP广告自20世纪三四十年代从美国超市兴

起，90年代传入中国以来，经过几十年的发展，已经由平面广告业的一个小的分支扩展成一个相对庞大的广告体系，一种与促销活动密不可分的综合性广告活动，愈来愈受到广告主的青睐与重视，并逐步为消费者所接受。

a. 二元性广告向三元性广告发展

目前，POP广告由“图文传递+商品展示”的二元性向“图文传递+商品展示+人员演示”的三元性发展。二元性POP广告的形式是固定的，即使有灯光的闪烁或者音乐的渲染，还是缺少了“人气”。随着POP广告的创新发展，商家开始在原来二元性的基础上增加了“人气”，因此POP广告显得更加生动、更加吸引消费者的注意力，这样可以使消费者亲身体验产品，与产品进行视觉、听觉、味觉、触觉等的知觉接触，让消费者的知觉发挥作用，从而使销售信息在不知不觉中传达到顾客（图1-8）。

图1-8

b. 内容诉求从产品功能到品牌形象

在大众传媒出现之前，POP广告是最主要的广告形式。进入21世纪，企业的价值和竞争已不单纯是技术、资金、产品等有形的物质因素所决定的，其中无形的精神因素也起着至关重要的作用。企业将经营观念和精神文化传递给企业周围的关系或者团体，包括企业内部和社会公众，使其对企业产生一致的认同感和价值观，从而达到促销的目的。

因此，POP广告在内容表现上，企业将不再主要强调产品特性，而转向传递一种品牌观念，塑造一种与众不同的品牌形象。如王老吉的广告语是：“怕上火喝王老吉”。在这里宣传了王老吉产品的优势和与众不同的特性，体现该企业与众不同的发展目标。

c. 发布策略向整体化和系列化方向发展

POP广告不再为临时发布促销信息而存在，而成为塑造品牌形象一个不可或缺的工具。因此，POP广告在信息传达上，临时性的“广而告之”式的内容明显减少，而长期性的“自我展示”的内容明显增多（图1-9）。

图1-9

1.2 POP广告的功能

（1）新产品告知的功能

当一种新产品即将或刚刚上市的时候，大众宣传媒体会不断地对其进行宣传，在销售场所做的宣传几乎就是POP广告，因此当新产品出售时，配合其他媒体宣传，使用POP广告进行促销活动，可以吸引消费者视线，刺激其购买欲望（图1-10）。

图1-10

（2）唤起消费者的购买意识的功能

尽管各厂商已经利用各种大众传播媒体，对本企业或产品进行了广泛的宣传，但是有时当消费者步入商店时，已经将其他的大众传播媒体的广告内容遗忘，此刻利用POP广告在现场展示，可以唤起消费者的潜在意识，重新忆起商品，促成购买行动（图1-11）。

（3）取代售货员的功能

POP广告有“无声的售货员”和“最忠实的推销员”的美名。POP广告经常使用的环境是超市，而超市中是自选购买方式，在超市中，当消费者面对诸多商品而无从下手时，摆放在商品周围的一则杰出的POP广告，忠实地、不断地向消费者提供商品信息，可以起到吸引消费者促成其下定购买决心的作用（图1-12）。

（4）创造销售气氛的功能

利用POP广告强烈的色彩、美丽的图案、突出的造型、幽默的动作、准确而生动的广告语言，可以创造强烈的销售气氛，吸引消费者的视线，促成其购买冲动（图1-8）。

（5）提升企业形象的功能

当前，作为一个大品牌、大企业，不仅注意提高产品的知名度，同时也很注重企业的形象的宣传。POP广告同其他广告一样，在销售环境中可以起到树立和提升企业形象，进而保持与消费者的良好关系的作用（图1-11）。

图1-11

图1-12

1.3 POP广告的分类

市面上所能见到的POP广告种类很多，下面从POP广告设计的角度主要介绍三种不同的分类形式。

1.3.1 按时间性分类

POP广告在使用过程中的时间性及周期性很强。按照不同的使用周期，可把POP广告分为长期POP广告、中期POP广告和短期POP广告三大类型。

（1）长期POP广告

长期POP广告是使用周期在一个月以上的POP广告类型，其主要包括门招牌POP广告、柜台POP广告、企业形象POP广告等。其中门招牌POP广告，一般是由商场经营者来完成，由于这些POP形式所花费的成本通常比较高，合用周期也都比较长。而由于一个企业和一个产品的诞生周期一般都超过一个季度，所以对于企业形象及产品形象宣传POP广告，也必然属于长期的POP广告类型。因为长期POP在时间因素上的限制，其设计必须考虑得极其精细，而且在产生的成本上也相对提高，一般都在几十到上百万的投资（图1-13）。

图1-13

（2）中期POP广告

中期POP广告是指使用周期为一个季度左右的POP广告类型。其主要包括季节性商品的广告，商场以季节性为周期的POP等，像服装、空调、电冰箱等因使用时间上的限制，以及橱窗在使用周期随着商品更换周期的限制等，使得这类POP广告的使用周期也必然在一个季度左右，所以属于中期的POP广告。中期POP广告的设计与投资，可以在长期POP广告的档次下，作适当的考虑（图1-14）。

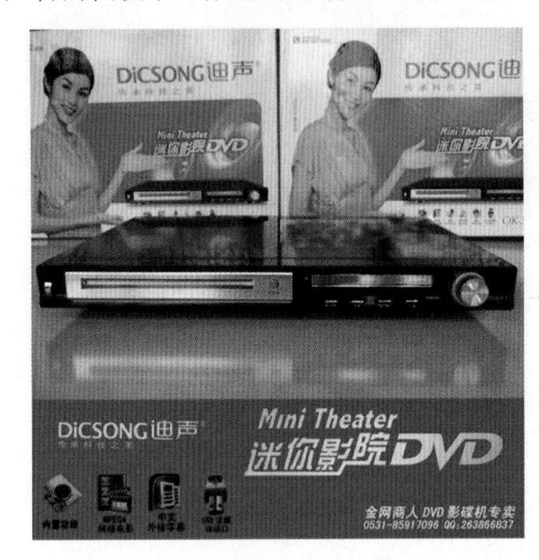

图1-14

（3）短期POP广告

短期POP广告是指使用周期在一个季度以内的POP广告类型。如柜台展示POP展示卡、展示架以及商店的大减价、大甩卖招牌等。由于这类广告的存在都是随着商店某类商品的存在而存在的，只要商品一卖完，该商品的广告也就无存在的价值了。特别是有些商品由于进货的数量以及销售的情况，可能在一周甚至一天或几小时就可售完，所以相应的广告周期也可能极其短暂。对于这类POP广告的投资一般都比较低，设计也相对不太讲究。当然就设计本身而言，仍必然在尽可能的情况下，做到符合商品品味（图1-15、图1-16）。

图1-15

图1-16

1.3.2 按制作材料的不同分类

POP广告所使用的材料也多种多样，根据产品不同的档次，可有高档到低档不同材料的使用。常用的材料主要有金属材料、木料、塑料、纺织布料、人工仿皮、真皮和各种纸材等。其中金属材料、真皮等多用于高档商品的POP广告。塑料、纺织面料、人工仿皮等材料多用于中档商品的POP广告。像真丝、纯麻等纺织面料也同样属于高档的广告材料。而纸材一般都用于中、低档商品和短期的POP广告材料。当然纸材也有较高档的，而且由于纸材的加工方便、成本低，所以在实际的运用中，是POP广告大范围所使用的材料。

1.3.3 按陈列的位置和陈列方式的不同分类

POP广告除使用时间的特殊性外，其另一特点就在于陈列空间和陈列方式上。陈列的位置和方式不同，将对POP广告的设计产生很大的影响。根据陈列位置和陈列方式的不同，可将POP广告分为柜台展示POP、壁面POP、天花板POP、柜台POP和地面立式POP五个种类。

按照陈列位置和方式区分不同种类的POP广告，在材料选择、造型、展示等方面有很大的区别，这对于POP广告设计本身是至关重要的，所以以下将要研究的内容，就以以上五个种类特点为线索，并参考POP广告的时间性和材料性来进行。

（1）柜台式POP广告

柜台展示POP是放在柜台上的小型POP广告。由于广告体与所展示商品的关系不同，柜台展示POP又可分为展示卡和展示架两种。

a．展示卡

展示卡可放在柜台上或商品旁，也可以直接放在稍微大一些的商品上。展示卡的主要功能以标明商品的价格、产地、等级等为主，同时也可以简单说明商品的性能、特点、功能等简要的商品内容，其文字的数量不宜太多，以简短的三五个字为好（图1-17）。

图1-17

b．展示架

展示架是放在柜台上起说明商品的价格、产地、等级等作用的。它与展示卡的区别在于：展示架上必须陈列少量的商品，但陈列商品的目的，不在于展示商品本身，而在于以商品来直接说明广告的内容，陈列的商品相当于展示卡上的图形要素。一旦把商品看成图片后，展示架和展示卡就没有什么区别了。值得注意的是，展示架因为是放在柜台上，放商品的目的在于说明，所以展架上放的商品一般都是体积比较小的商品，而且数量以少为好。适合展示架展示的商品有珠宝首饰、药品、手表、钢笔等（图1-18）。

图1-18

（2）壁面POP广告

这是陈列在商场或商店的壁面上的POP广告形式。在商场的空间中，除壁为主要的壁面外，活动的隔断、柜台和货架的立面、柱头的表面、门窗的玻璃面等都是壁面POP可以陈列的地方。

运用于商场的壁面POP，在形式上有平面的和立体的两种形式。平面的壁面POP，实际上就是前面已讲述过的招贴广告，而立体的壁面POP，则是本章要介绍的主要内容。由于壁面展示条件的限制，运用于壁面POP的立体造型主要以半立体的造型为主。所谓半立体的造型，也就是类似浮雕的造型（图1-19、图1-20）。

图1-19

图1-20

（3）吊挂POP广告

吊挂POP广告是对商场或商店上部空间及顶界有效利用的一种POP广告类型。 它是各类POP广告中用量最大、使用效率最高的一种POP广告。因为商场作为营业空间，无论是地面还是壁面，都必须对商品的陈列和顾客的流通作有效的考虑和利用，唯独上部空间和顶面是不能为商品陈列和行人流通所利用的，所以，吊挂POP不仅在顶界面有完全利用的可能性，也在空间的向上发展上占有极大优势。即使地面和壁面上可以放置适当的广告体，但其视觉效果各可视的程序与吊挂POP相比，也是有限的。可以设想，壁面POP在观看的角度和视觉场上会受到很多限制，也就是说壁面POP常被商品及行人所遮挡，或没有足够的空间让顾客退开来观看。而吊挂POP就不一样了，在商场内凡是顾客能看见的上部空间都可有效利用。另外，从展示的方式来看，吊挂POP除能对顶界面直接利用外，还可以向下部空间作适当的延伸利用。所以说吊挂POP是使用最多、效率最高的POP形式。

吊挂POP的种类繁多，从众多的吊挂POP广告中可以分出两类最典型的吊挂POP形式，即吊旗式和吊挂物两种基本种类。

a．吊旗式

吊旗式是在商场顶部吊的旗帜式的吊挂POP广告，其特点是：以平面的单体向空间作有规律的重复，从而加强广告住处的传递（图1-21、图1-22）。

图1-21

b．吊挂物

吊挂物相对于吊旗来说，是完全立体的吊挂POP广告。其特点是以立体的造型来加强产品形象及广告信息的传递（图1-23、图1-24）。

图1-22

图1-23

图1-24

（4）柜台POP广告

柜台POP广告是置于商场地面上的POP广告体。它的主要功能是陈放商品，与展示架相比，以陈放商品为目，而且必须可供陈放大量的商品，在满足了商品陈放的功能后再考虑广告宣传的功能。由于柜台POP广告的造价一般都比较高，所以用于以一个季度以上为周期的商品陈列，特点适合于一些专业销售商店，如钟表店、音响商店、珠宝店等。

柜台POP广告的设计，从使用功能出发，还必须考虑与人体工程学有关的问题，比如人身高的尺度，站着取物的尺度以及最佳的视线角度等尺度标准（图1-25）。

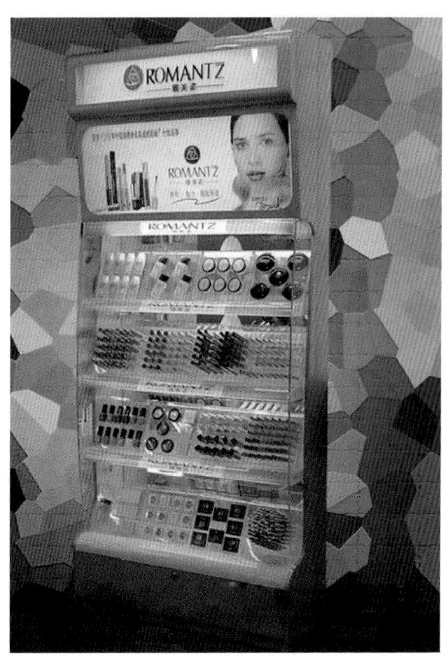

图1-25

（5）地面立式POP广告

这是置于商场地面上的广告体。商场外的空间地面：商场门口、通往商场的主要街道等也可以作为地面立式POP广告所陈列的场地。与柜台POP相比，柜台式POP广告的主要功能是陈列商品，地面POP是完全以广告宣传为目的的纯粹的广告体。

由于地面立式POP广告是放于地上，而地面上又有柜台存在和行人流动，为了让地面立式POP有效地达到广告传达的目的，不被其他东西所淹没，所以要求地面立式POP广告的体积和高度有一定的规模，而高度一般要求要超过人的高度，在0.8～2.0米以上。另外，地面立式POP广告由于其体积庞大，为了支撑和具有良好的视觉传达效果，一般都为立体造型。因此在考虑立体造型时，必须从支撑和视觉传达的不同角度来考虑，才能使地面立式POP既稳定又具有广告效应（图1-26、图1-27）。

图1-26

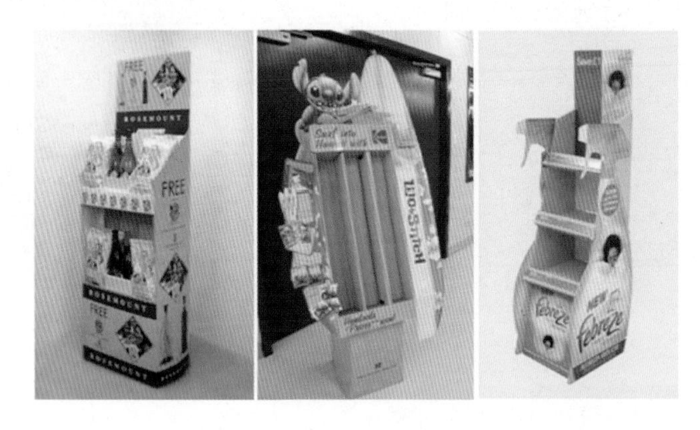

图1-27

课后练习

（1）POP广告的功能有哪些?

（2）简述常见的POP广告类型。

（3）POP广告发展的新趋势说明了什么问题?

随着市场经济的形成和发展，卖点广告的引入和应用，“POP”一词才逐步被人们所理解和认识。店家们开始重视门面的装潢，从而店面上出现大量以印刷或手工绘制的纸张，告知消费者讯息的海报。手绘POP广告也因其特殊的功效而在全国各地逐步盛行。

早期POP海报只有十分简单的文字，一路发展演变出多种形式的手绘POP文化，大量的图案及素材呈现在海报纸上，色彩丰富吸引人的目光。除了在商业上应用之外，校园内也逐潮流行起海报绘制的工作，利用最简单的工具来绘制出五花十色的海报。而手绘海报也由最初的“大字报”时期变型成为图文并茂的。

2.1 POP广告绘制工具

绘制一张精美的POP海报，可以利用多种工具来混合搭配，不限定一定要利用某一种特定的工具，常用的有麦克笔、彩色笔、蜡笔、粉彩笔、色铅笔、水彩、广告颜料、圆或平的水彩笔、毛笔、墨汁和其他工具如美工刀、剪刀、双面胶、透明胶带、纸胶带、胶水、尺、圆规、针笔、修正带等。

常用的纸材有彩色卡纸、海报纸、模造纸、粉彩纸、牛皮纸、瓦楞板、保利龙、绵纸、宣纸、皱纹纸、塑胶板等（图2-1）。

图2-1　手绘POP常用工具

2.1.1 麦克笔

麦克笔是目前手绘POP使用最普遍的画材，它的特色是本身是工具，亦是材料，属于直接着色类的笔具，不需要再增添许多辅助的器材或手续，即可以直接用来画图写字，具有各种不同大小、粗细的笔头且色彩种类应有尽有，画完之后有速干的效果。总而言之，麦克笔具有方便、迅速、干净、明快的特色，符合手绘POP的制作特性。

麦克笔主要分为水性和油性两种。

（1）水性麦克笔

颜色没有覆盖力，像水彩一样，亮丽清透不易挥发，用蘸水的笔在上面涂抹的话，效果跟水彩一样。有些水性麦克笔干掉之后会耐水。它的使用寿命很长，但是一次性的笔头会越用越钝，所以使用时不要用力过大（图2-2）。

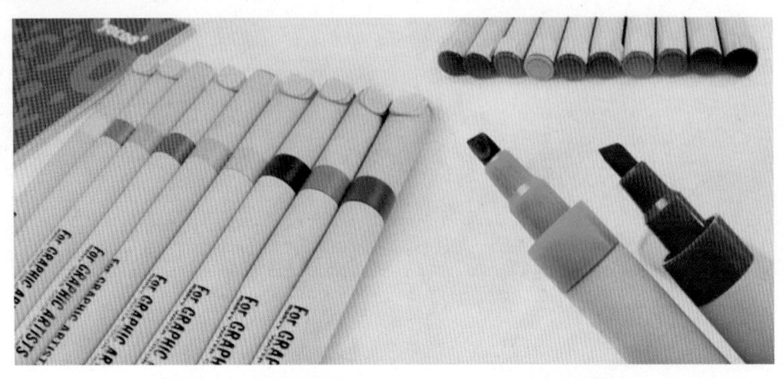

图2-2　日本美辉3MM专用上色水性麦克笔

（2）油性麦克笔

油性麦克笔含有易挥发的化学材质，所以有刺鼻的化学味道。它的最大优点是书写后干燥快速且不易沾污纸面，如果长时间不使用最好把笔帽盖严实，以免颜色挥发（图2-3 ～图2-6）。

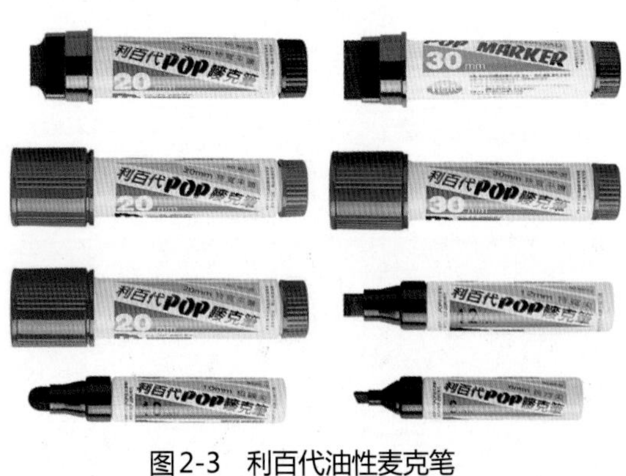

图2-3　利百代油性麦克笔

图2-4　中国台湾地区产双头马牌麦克笔

图2-5　日本美辉双头油性麦克笔

图2-6　韩国touch双头油麦克笔

上述各种麦克笔，使用时应注意的事项如下。

a. 在书写时尽可能不要重复描涂，因为重复描摹后，线条将失去平整或圆滑的感觉，再说笔画重叠之处，色泽也会加深，若非有规律的重叠，将破坏整体美与统一感。

b. 麦克笔各种颜色繁多，上墨水时必须注意不能上错了墨水。否则颜色相混会使原有色变暗变黑，轻则影响书写绘画效果，重则损坏笔具。

2.1.2 色铅笔

色铅笔也称彩色铅笔，是一种非常容易掌握的涂色工具，画出来的效果以及长相都类似于铅笔。颜色多种多样，画出来效果较淡，清新简单，大多便于橡皮擦去。它具有透明度和色彩度，在各类型纸张上使用时都能均匀着色，流畅描绘，笔芯不易从芯槽中脱落。有单支系列、12色系列、24色系列、48色系列、72色系列、96色系列、129色系列等（图2-7）。

彩色铅笔也分为两种，一种是不溶性彩色铅笔，另一种是可溶性彩色铅笔（可溶于水）。一般市面上卖的大部分都是不溶性彩色铅笔（图2-8）。

可溶性彩色铅笔又叫水彩色铅笔，在没有蘸水前和不溶性彩色铅笔的效果是一样的。可是在蘸上水之后就会变成像水彩一样，颜色非常鲜艳亮丽，十分漂亮，而且色彩很柔和（图2-9）。

图2-7　72色系列彩色铅笔

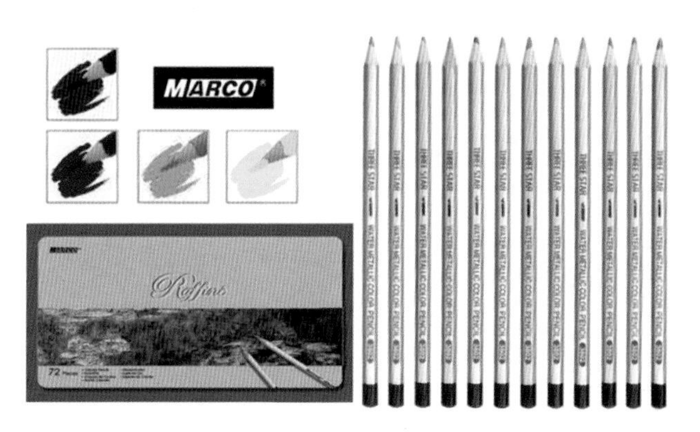

图2-8　Raffine 72色专业美术彩色铅笔

图2-9　Raffine 36色专业美术可溶性彩色铅笔

彩色铅笔的使用方法如下。

（1）硬质彩色铅笔与软质彩色铅笔

彩色铅笔的笔芯是由含色素的染料固定成笔芯形状的蜡质接着剂（媒介物）做成，媒介物含量越多笔芯就越硬。制图时用硬质彩色铅笔，笔芯即使削长、削尖也不易断；软质铅笔如果削得太长则有断芯的危险。

（2）淡色与深色的彩色铅笔

淡色的笔芯较硬，深色或鲜艳色的较软，这全是因为笔中媒介物含量的关系，试试接近白色的粉红色吧，立刻能发觉它比鲜艳的粉红色的笔芯硬多了。

（3）水溶性的彩色铅笔

水溶性的彩色铅笔沾水便可像水彩一样溶开；粉蜡笔因含媒介物量少，描绘出来的图会粉粉的，画完后以手指摩擦还会擦掉画上的粉，不过却最适于晕染的画法。

（4）笔芯的削法是描绘时极重要的因素

彩色铅笔与水彩或油彩相比较之下，极受素材及混色变化的限制。因此，彩色铅笔的笔触成为制造素材极重要的条件。笔芯的削法影响到其笔触，所以选择画笔便很重要，削铅笔机虽然能削得又快又好，但画出来的线条过于统一，缺乏变化。用刀子削，凹凸不等的笔尖才能画出有味道的线条，随着角度的变化、回转，说不定还会画出自己意想不到的线条。

2.1.3　粉彩笔

粉彩笔，又称色粉笔、粉彩棒、粉画笔。从效果来看，它兼有油画和水彩的艺术效果，具有其独特的艺术魅力。它在塑造和晕染方面有独到之处，且色彩变化丰富、绚丽、典雅，最宜表现变幻细腻的物体，如人体的肌肤、水果等，色彩常给人以清新之感。从材料来看，它不需借助油、水等媒体来调色，可以直接作画，同铅笔一样运用方便；它的调色只需色粉之间互相搓合即可得到理想的色彩。色粉以矿物质色料为主要原料，所以色彩稳定性好，明亮饱和，经久不褪色，色彩如新（图2-10）。

图2-10　48色文华堂粉画笔P-048

（1）粉彩笔

用特制的干颜料笔，直接在粉画纸上干绘，是一门独立的绘画形式。许多画家在画素描时喜欢用少量的色粉笔来增添艺术效果，粉彩笔是干且不透明的，较浅的颜色可以直接覆盖在较深的颜色上，而不必将深颜色破坏掉。在深色上着浅色可造成一种直观的色彩对比效果，甚而纸张本身的颜色也可以同画面上的色彩融为一体。

（2）笔触和纹理

色粉笔的线条是干的，因此这种线条能适应各种质地的纸张。这种干性材料，像其他素描工具一样，要依据纸张的质地。一张有纹理的纸允许色粉笔覆盖其纹理凸处，而纸孔只能用更多的色粉笔条或通过擦笔或手揉擦色粉来填满。纸张的纹理决定绘画的纹理（图2-11）。

图2-11　60色中国台湾雄狮软性化妆色粉笔

2.1.4　毛笔（白云）

毛笔(Chinese brush, writing brush)，是一种源于中国的传统书写工具。毛笔是我们远古的祖先在生产实践中发明的。随着人类社会的不断发展，勤劳智慧的中华民族又不断地总结经验，它为创造中华民族光辉灿烂的文化，促进中华民族与世界各族的文化交流，做出了卓越的贡献。

白云按型号不同分为大白云、中白云、小白云。在传统书法中白云几乎可以书写任意一种字体，在POP 设计过程中主要用它来书写活泼的个性字、处理特殊效果等。但毛笔也有其弊端，书写后不易干，纸张遇到墨汁或颜料容易弄褶皱，也不如马克笔书写后有光泽（图2-12）。总之，综合运用各种工具和方法使POP海报达到更完美的效果是我们的最终目标。

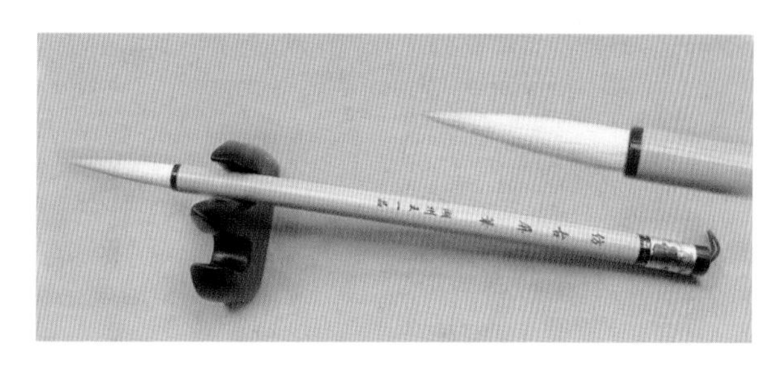

图2-12　王一品斋湖羊毫白云毛笔

2.2　文字设计

POP文字是传递信息的主要途径，它在POP广告中的作用是毋庸置疑的，清晰明朗的文字可以很好地表现广告立意，如何能在更短的时间内吸引消费者的注意力，就需要对文字进行创意，添加丰富的元素，更好地发挥POP广告的最大作用和效果，也能让它体现其独有的艺术魅力。

POP字体之所以给人耳目一新的感觉，主要是因为它的结构有别于传统字体。所有POP个性字体都是以正体字为基础变化而来，在写好正体字的基础上横平竖直，保证所有笔画粗细均匀，流畅光滑。

2.2.1　正体字、变体字、装饰体字

（1）正体字

正体字的特点非常突出：方正、粗犷、朴素、简洁、无装饰、横竖笔形粗细视觉相等、笔形方头方尾、黑白均匀，因此非常醒目，运用广泛。由于笔画整齐划一，所以它只能是一种装饰字体，而不是书法。正体字在字架上结构严谨，独具一格，给人一种粗实有力、严肃庄严、朴素大方的感觉。任何一个正体字，单拿出来都是方型的，因此非常醒目，运用广泛。

在书写正体字时要注意横平竖直、粗细均匀。结构上：上下顶格、左右碰壁、以满格冠、重心上移、疏密有致、横竖笔形粗细视觉相等、笔形方头方尾（图2-13）。

（2）变体字

手绘POP变体字是在正体字的基础上，把字体大胆地变形，形成两种截然不同的风格。它将原来

就有啊促销

批吸考大可

图2-13　正体字范例

结构严谨方正的字转变为具有趣味动感的字，以应对不同的表现主体。变体字书写比较自然和随意，变化多样，韵律十足（图2-14 ～图2-18）。

图2-14　变体字范例（1）

图2-15　变体字范例（2）

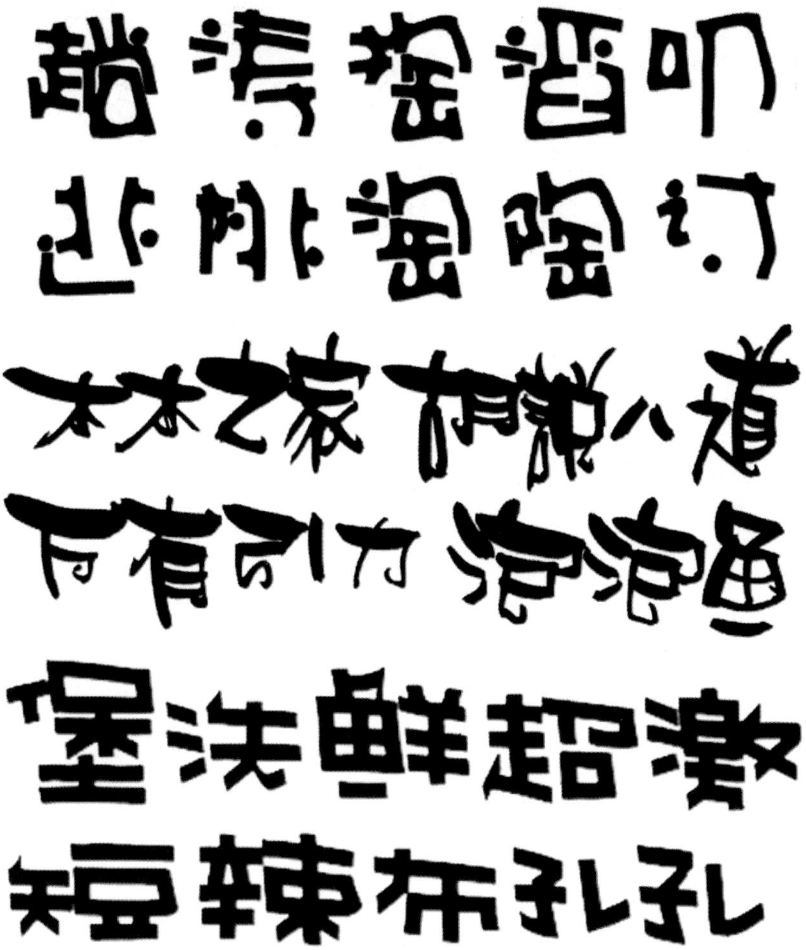

图2-16　变体字范例（3）

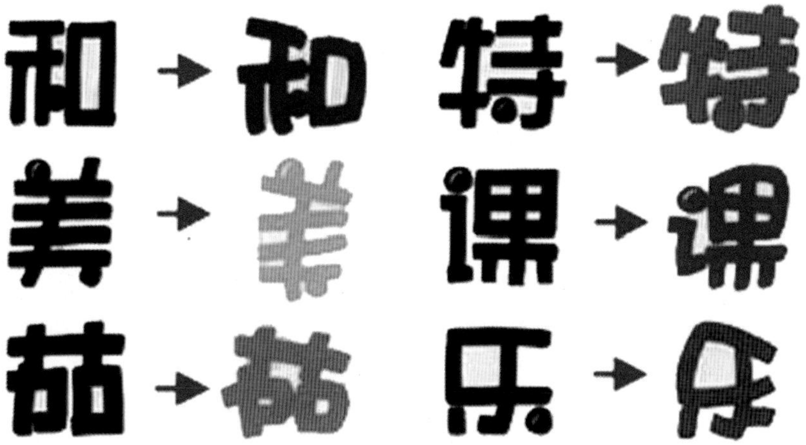

图2-17　变体字的变化范例（1）

呈呈呈呈　迟迟迟迟
承承承承　持持持持
吃吃吃吃　充充充充
肞肞肞肞　阶阶阶阶
角角角角　揭揭揭揭

图2-18　变体字的变化范例（2）

（3）装饰体字

装饰体字一般分为四种：字体的外部装饰、字体的内部装饰、字体的立体装饰和字体的变形装饰。

① 字体的外部装饰

a. 字体轮廓装饰效果

轮廓装饰效果是在POP字体书写完成后沿着字体的外轮廓，按字体的笔画顺序勾边，勾边颜色要和字体颜色区分开来，使色彩更加丰富，更有层次感。一般轮廓装饰分实线轮廓装饰、断线轮廓装饰和双线轮廓装饰三种（图2-19）。

图2-19　手绘POP字体轮廓装饰

b.字体的抖框装饰效果

抖框装饰效果是运用抖动的线绘制字框，感觉有被电到或抖动的感觉，可运用在相关的主题上（图2-20）。

c.字体花边装饰效果

花边装饰效果是在POP字体书写完成后，在万字背后装饰图案或花边，一般用于词组或字句，使字体整体统一（图2-21）。

d.字体背景装饰效果

字体背景装饰效果是给写好的POP字体添加大面积的背景，起到衬托主题的作用（图2-22）。

图2-20　手绘POP字体的抖框装饰

图2-21　手绘POP字体花边装饰

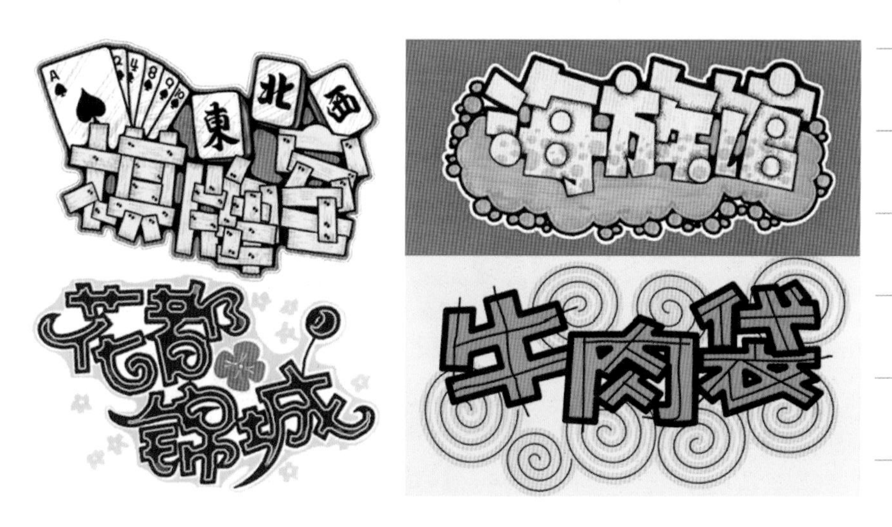

图2-22　手绘POP字体背景装饰

② 字体的内部装饰

a. 字体中线条装饰效果

中线条装饰效果是在写好的POP字体笔画内部画出骨架线，在笔画骨架线十字交叉处的节点处绘出圆形实心节点，笔画骨架线三叉交叉处的结点处绘出半圆的节点。中线与字体颜色要有区别，形成对比增强的视觉冲击力（图2-23）。

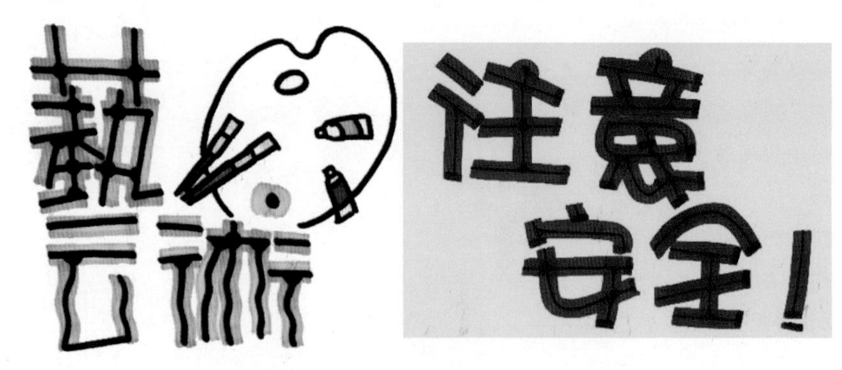

图2-23 手绘POP字体内部中线条装饰

b. 字体分割装饰效果

分割装饰效果是在POP字体内部画出一条或多条分割线，字体分割颜色反差要大，如果分割图案是多条时，要注意图案的连贯性，使字体整体统一（图2-24）。

c. 字体高光装饰效果

高光装饰效果是在POP字体书写完后，在字体的转折处添加高光效果，使字体增加立体感（图2-25）。

图2-24 手绘POP字体分割装饰

图2-25 手绘POP字体高光装饰

d. 字体布纹装饰效果

布纹装饰效果是在POP字体内部绘出布纹花纹似的图案，增加视觉效果（图2-26）。

e. 字体木纹装饰效果

木纹装饰效果是在POP字体内部绘出类似木纹或年轮的图案，在木纹笔画处可画出裂纹效果，也可以在笔画交叉处画上一些钉子的图案，以增加视觉效果（图2-27）。

f. 字体的裂痕装饰效果

裂痕装饰效果是在POP字体绘制完成后，再利用细笔作出裂痕效果，使字形较具震撼性，效果更突出（图2-28）。

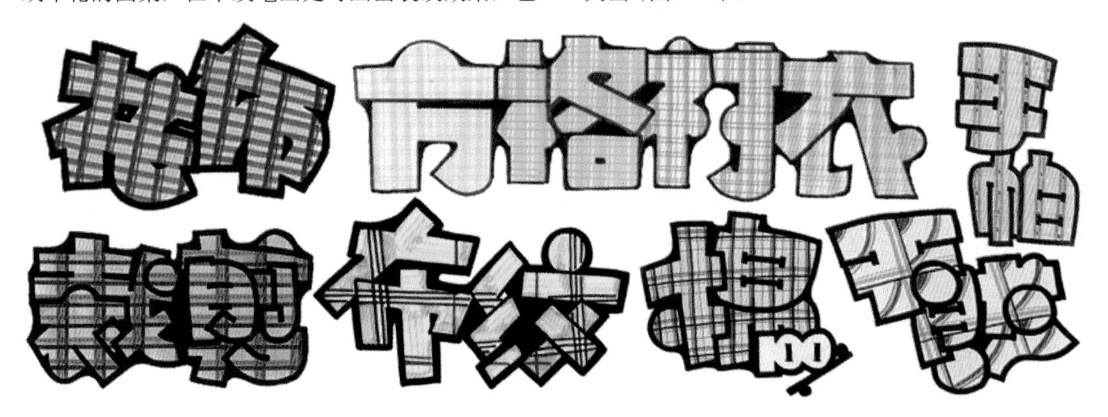

图2-26　手绘POP字体布纹装饰

图2-27　手绘POP字体木纹装饰

图2-28　手绘POP字体的裂痕装饰

g．字体内部封闭空间装饰效果

内部封闭空间装饰效果是给字体进行轮廓装饰后，字体笔画空间出现的封闭空间，在封闭空间里填充上反差大的颜色，丰富字体的效果（图2-29）。

h．字体内部图案装饰效果

内部图案装饰效果是在书写完的POP字体内部，绘出一些重复性的图案，达到统一的装饰效果（图2-30）。

图2-29　手绘POP字体内部封闭空间装饰

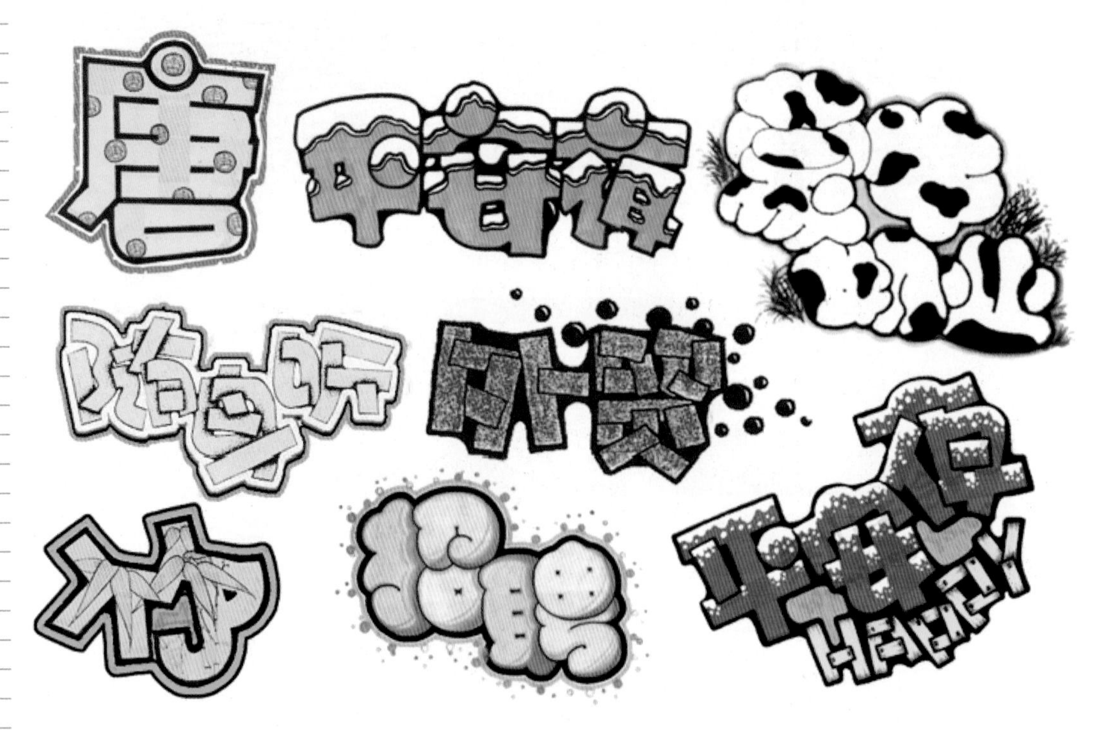

图2-30　手绘POP字体内部封闭空间装饰

③ 字体立体装饰

a. 字体叠压装饰效果

叠压装饰效果是在写完字体笔画后，把部分笔画进行单独描绘，选择的笔画放在最上层，效果多用于多个字之间的叠压组合效果（图2-31）。

b. 字体立体笔画装饰效果

在字体的笔画中轴线处向外延伸的着色深度浅于字体的外轮廓线，从而在字体表面形成内浅外深具有立体效果的基本字体。人们从视觉上形成从字体中心向外延伸、浅至深的自然渐变效果，具有较强的立体视觉感（图2-32）。

图2-31　手绘POP字体立体叠压装饰

图2-32　手绘POP字体立体笔画装饰效果

c．字体内部阴影立体装饰效果

在书写完的POP字体内部用深颜色画在字体笔画内部，达到立体效果（图2-33）。

④ 字体的变形装饰

a．字体基本笔画变形

把字体笔画的某一部分进行变形。常用于变化的笔画有点、撇、捺、横、竖（图2-34）。

b．字体笔画形象装饰

把字体本身的某个笔画用图形作替换，用来替代的图形要和字面意思相近，让字体增加趣味性和欣赏性（图2-35）。

图2-33　手绘POP字体内部阴影立体装饰

图2-34　手绘POP字体的变形装饰基本笔画变形

图2-35　手绘POP字体的变形装饰笔画形象

c．字体增肥装饰

字体增肥装饰也叫“胖胖字”，是把字体的所有笔画都写得圆润光滑，使字体组合显得很可爱(图2-36)。

d．字体特殊效果装饰

字体特殊效果装饰多用于主题POP海报，在绘制的字体上使用贴切主题的特殊装饰图案来提升视觉审美效果(图2-37)。

图2-36　手绘POP字体的变形装饰字体增肥装饰

图2-37　手绘POP字体的变形装饰特殊效果装饰

2.2.2　数字

在绘制POP广告时，经常要用到价格、年月等有关的数字，POP广告中的数字必须让人看得清楚明白，并有良好的视觉效果。

（1）数字的基本写法

在书写正体字时要注意粗细均匀、重心上移、疏密有致、笔形方头方尾。在写带弧度的数字笔画时要注意衔接处保持光滑（图2-38）。

（2）数字的装饰

数字的装饰方法跟文字的装饰方法大致相同(图2-39、图2-40)。

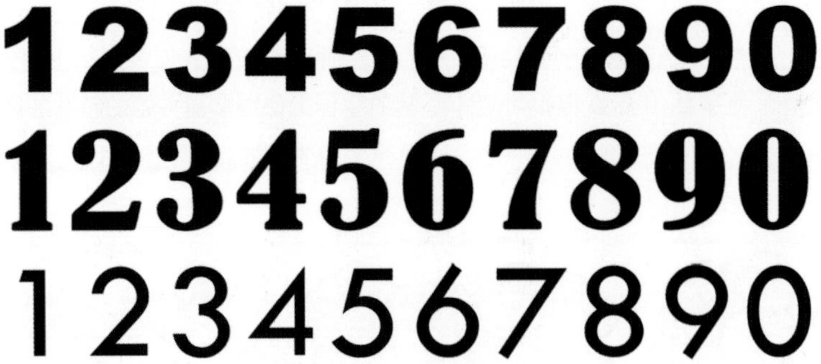

1234567890
1234567890
1234567890

图2-38　正体数字范例

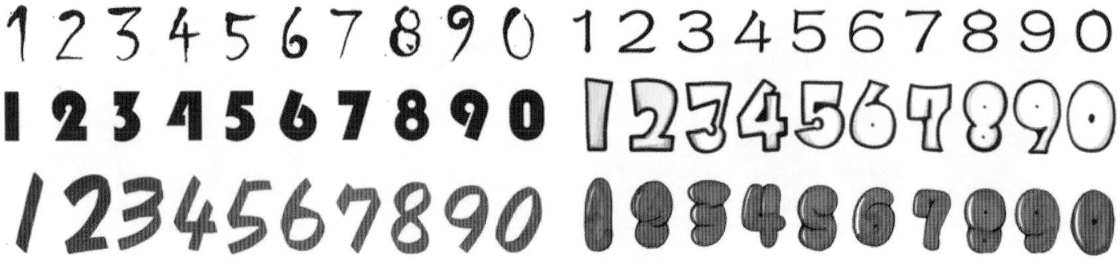

1234567890 1234567890
1234567890 1234567890
1234567890 1234567890

图2-39　POP数字字体（1）

图2-40　POP数字字体（2）

2.2.3　英文

（1）英文的基本写法

英文的基本写法特点：方正、粗犷、朴素、简洁、无装饰、横竖笔形粗细视觉相等、笔形方头方尾、黑白均匀，因此非常醒目，运用广泛。在书写正体字时要注意粗细均匀、重心上移、疏密有致、笔形方头方尾。在写带弧度的数字笔画时要注意衔接处保持光滑（图2-41）。

（2）英文的装饰

英文的装饰方法跟文字的装饰方法大致相同（图2-42、图2-43）。

ABCDEFGHIJKLMNOPQ
RSTUVWXYZ,.:?!@#%&

ABCDEFGHIJKLMNOPQ
RSTUVWXYZ,.:?!@#%&

ABCDEFGHIJKLMNOPQ
RSTUVWXYZ,.:?!@#%&

图2-41　正体英文范例

ABCDEFGHIJKLM
NOPQRSTUVWXYZ

图2-42　POP英文的装饰

图2-43　手绘POP英文的装饰

2.2.4 主标题、副标题

主标题是指一篇文章的大标题，用来提出文章中心或主旨；副标题是指用来解释主标题的话，跟在主标题后，更多是指出时间地点等。文章都有属于自己的标题，因此在POP广告中就出现了对“主标题”和“副标题”的要求。通常从文章的字号大小、字体的区别上也能看出哪个是主标题，哪个是副标题。一般来说，主标题最大，副标题次之。主标题在第一行时，副标题另起一行。破折号可加，可不加。从内容上看，主标题与副标题之间衔接确切、简洁、醒目、新颖（图2-44、图2-45）。

图2-44

图2-45

2.2.5 易读性、统一性、指向性、趣味性

POP广告的鲜明对比的色彩、灵活多变的造型、幽默夸张的图案、准确生动的语言，可以营造强烈的热销氛围，吸引消费者的视线，引领消费促成购买冲动。好的POP要让人有易读性、统一性、指向性、趣味性（图2-46～图2-49）。

图2-46

图2-47

图2-48

图2-49

2.3 图形设计

2.3.1 POP手绘插图设计

插画是以强调、宣传文章的意义或营造视觉效果为目的，将文字内容作视觉化的造型表现，凡是这类具有图解内文、装饰画面及补充文章作用的绘画、图片、图表等视觉造型，都称为插画。

一幅完整的POP广告不仅有漂亮的文字，还要有别具一格的插图设计，才能体现POP广告的魅力，所谓千言万语的文字不如一幅生动形象的插图更有视觉冲击力（图2-50、图2-51）。

图2-50

图2-51

手绘POP插图的作用如下：

a.强化文字的效果，文字不能传达的讯息，用插图加以说明；

b.加强与消费者之间的情感交流；

c.加强画面的装饰效果，稳定画面重心，吸引消费者的注意。

2.3.2　图形设计的分类

手绘POP插图的图形一般分以下4类。

（1）具象图形设计

具象图形在POP设计中占有显著地位，它从具象的自然形态中来，摆脱纯自然的束缚，归纳自然形态，使其具有图形艺术美感。具象图形根据表现对象的不同，大致可以分为装饰植物、装饰动物、装饰人物、装饰风景、装饰器具等（图2-52）。

（2）抽象图形设计

抽象几何图形装饰：利用简单的几何图形来装饰纯文字的POP广告，增加广告的形式美感。

抽象底纹图形装饰：使用无序所谓线条或抽象的图形装饰POP广告，创造广告整体统一的视觉效果（图2-53）。

图2-52　手绘POP具象图形

图2-53　抽象图形装饰

（3）装饰图形设计

小装饰图形：利用简单的小插图来装饰纯文字的POP广告，避免其单调无味。

图形饰框：主要的用途是将POP的内容与其边的其他事物隔离开，以便于顾客阅读（图2-54）。

（4）漫画图形设计

漫画图形卡通类：通过夸张的表现手法加上简单的线条，绘画出人物、动物、植物、食物、用品等，风格幽默诙谐、可爱生动，体现POP广告的特点（图2-55）。

图2-54　手绘POP装饰图形

图2-55　手绘POP漫画卡通类图形

2.4 版式编排设计

版式是POP广告中重要的环节之一，版式的位置结构是否得当，直接影响其视觉及功效。合理的版式使人阅读起来赏心悦目，记忆深刻，同时又有美的享受，它一般有以下几种形式。

2.4.1 对称式

对称式是传统的构图形式，画面稳重，整齐，缺点是较呆板、变化少（图2-56、图2-57）。

图2-56

图2-57

2.4.2 均衡式

均衡式画面平衡、重心稳、变化多样，形式感较强，富有时代气息；但版面容易乱，排列要特别慎重（图2-58、图2-59）。

图2-58

图2-59

2.4.3 上空式

上空式画面中心偏下，图形及文字布局在画面的中心下部，上部较空，主要安排商标和名称，起画龙点睛的作用（图2-60、图2-61）。

图2-60

图2-61

2.4.4 下空式

下空式画面中心偏上，下半部分较空，主要是价格和时间，起强调价格和时间的作用（图2-62、图2-63）。

图2-62

图2-63

2.4.5 中间式

中间式画面上下两端较空，内容主要集中在画面中间，简洁、重点中心突出、精致（图2-64、图2-65）。

图2-64

图2-65

2.4.6 对角式

对角式构图以对角的形式，其余部分较空。构图活泼、独特，动感强（图2-66、图2-67）。

图2-66

图2-67

2.4.7 S型式

S型式画面构图活泼，有节奏感、韵律感，给人以美的享受（图2-68、图2-69）。

图2-68

图2-69

2.4.8 中轴式

中轴式内容主要集中在画面的垂直中心部位，左右两边较空，多以对称式为主（图2-70、图2-71）。

图2-70

图2-71

2.4.9 对比式

对比式分大小对比、粗细对比、明暗对比、色彩对比、疏密对比、主从对比等，对比在广告中的应用较为普遍（图2-72、图2-73）。

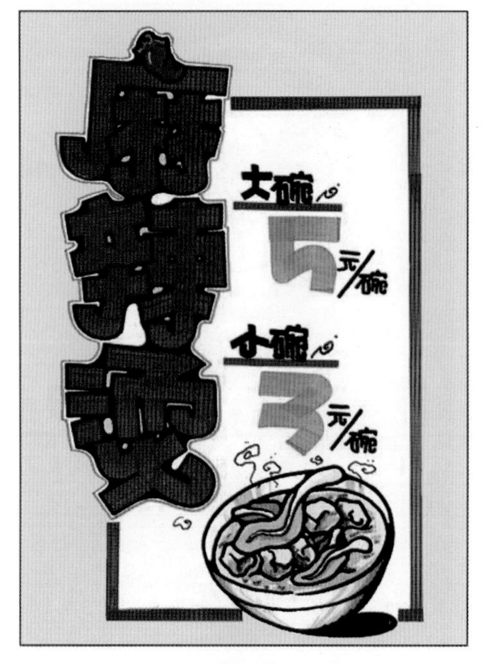

图2-72

图2-73

2.4.10 视觉诱导式

视觉诱导式通过一定的线、图形和排列形态构成的有形和无形的线，使人们的眼睛随之流动，首先接触视觉中心，层层阅读从而达到信息传达的目的（图2-74、图2-75）。

图2-74

图2-75

教学实例 POP欣赏（图2-76 ～图2-97）

图2-76

图2-77

图2-78

图2-79

图2-80

Happy
New Year
兰宜家饰布艺坊
全体员工祝您与
家人新年快乐·万
事胜意

80g + 40g
¥5.5元
多种口味任您品尝

图2-81

图2-82

图2-83

图2-84

王二麻子
芝麻饼
原　味
烤肉味
香葱味
海鲜味
牛肉味
水果味
2.50元/500g
天津市名牌产品
老百姓放心食品

扒鸡酱肉
香
嫩

图2-85

图2-86

图2-87

图2-88

图2-89

图2-90

图2-91

图2-92

新鲜美味
健康早餐
本店自制面包
台湾师傅主理
精选上等面粉
真材实料
精工细作

缤纷夏日
精彩纷呈
全场
6折
一怒不讲价

图2-93

图2-94

飞行蛙

野营之家
帐篷
野餐刀
睡袋
运动水壶
野营服装
山地车
野外生存用品专卖

营养早餐
breakfast
新推出
绿色早餐
早6:00_9:00
开放

图2-95

图2-96

图2-97

课后练习

（1）作业名称：POP标准体设计。

作业内容：三字以上的标题临摹5组、设计5组。

供选词语：演讲比赛、特惠周、换季特卖、感恩行动、水果园、家常菜、流行风、海洋公园。

要求：用本章学习的方法绘写；

版面及标题结构形式自定；

色彩自定，用色醒目但不凌乱。

（2）作业名称：组字设计（将单字排列成组形成标题）。

要求：排列形式——竖排、横排、弧线排、S型排；

字型——等大或有大小节奏，大到小、小到大、大小大小等；

字的方向——同向或异向。

（3）作业名称：POP卡通体书写。

要求：笔画倾斜处理——同向、异向；

将偏旁部首缩小、缩短（注：改变笔画少的部分）；

头大脚小的处理——使其具有趣味效果；

“口”型的各种处理（注：在组合中使用同种“口”型，有统一感）。

第3章　POP广告设计的色彩应用

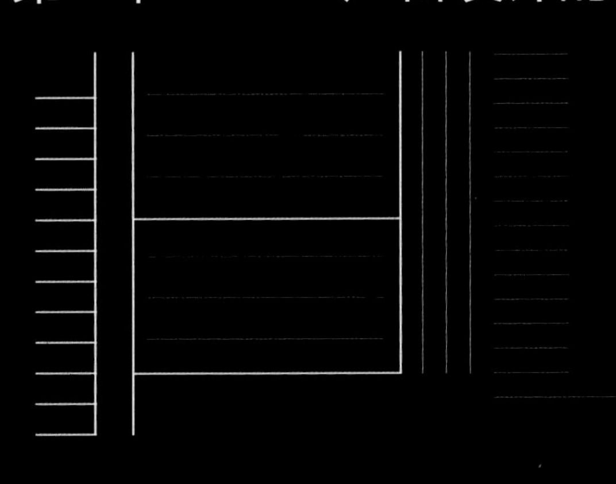

3.1　色彩的基本概念

颜色的三要素——色相、明度、艳度决定了颜色的色度值。

所谓色相指的就是色彩的相貌（颜色），区别互相间的差异，对每一种颜色都给予一种称呼，使人们能呼出其名而知其色，这种区分就称为色相。

明度指的就是色彩的明亮度。每一种色彩会因为光线反射强弱而呈现深浅的差别。无色彩中，明度最高的为白色，最低的为黑色，在白与黑中，还有深浅不同的灰；有色彩中，黄色明度最高，紫色最低。

纯度指的是色彩的鲜艳度。彩度最高的颜色，即色调中最强的颜色，称为纯色。以红色为例，纯色中的红色，其色调最强，也是彩度最高的颜色。如果说色相是颜色的相貌，那么纯度就是颜色的表情（图3-1）。

图3-1

3.2 巧用无彩色计划

图3-2

图3-3

3.2.1 无色彩配色

所谓的无色彩配色指的就是黑色、灰色、白色的三色的配色，这种配色方法在日常生活中机会较少。

因为缺少色彩的搭配所呈现的是较为呆板、死气的感觉。所以，无色彩的配色属于较弱的配色方法。然而，所表现的价值感是归类于高级的范围内，运用在高级服饰、精品类、珠宝类到汽车等价位较高的产品上较为合适，是用于前卫、极端的产品。

（1）黑白两色的应用

对比强烈、分明、眩目、刺激，具有阴阳互补的配色效果（图3-2）。

（2）黑白灰的应用

如果等级间隔适当，是最具层次感和明快感的构成。

3.2.2 无彩色配色

这种构成主要指黑白主调点缀有彩色、黑白灰主调点缀有彩色等。无彩色与任何有彩色搭配都能取得调和感很强的、有着特殊格调的配色效果。不同季节或行业选用不同的色彩（图3-3）。

以黑、灰、白搭配容易引出高级配色：

（1）红色配黑色，有强烈的视觉导引效果，适合应用于较酷、前卫的行业（图3-4）。

（2）红色配灰色，适合精品业、化妆品、服饰等行业，红给人一种平缓、柔和X质感的味道。

（3）蓝色配白色，属于大自然的配色，可应用在电脑资讯等。

由以上可知，明度低的颜色配以白色，中明度的颜色配以灰色，高明度的色彩配以黑色。掌握这个配色原则，大家可以自行运用搭配（图3-5）。

图3-4

图3-5

3.3 有彩色应用技巧

图3-6

图3-7

3.3.1 类似色的配色法

用相近的颜色相互搭配的配色方法，能营造出柔和、贴心、可爱、温馨的感觉，适合用于婴儿、女性服饰、化妆品、花艺等感觉上柔美的产品及行业领域上。但需注意所搭配的类似色明度差不可太相近。其整体感觉趋于平缓而缺少冲动，不适合用于前卫流行感强的设计。

用相近的颜色相互搭配的配色方法就是所谓的类色配色。利用类似色所营造出来的柔和、贴心、可爱、温馨的感觉，适用于婴儿用品、女士服饰、婚纱等，但需注意所搭配的类似色明度不可太过相近，以免造成同一色系的困扰，类似色配色的整体感觉趋向平坦、柔弱，在作品的表现上，吸引力较弱，类似色经常扮演配角的地位，让主角更为明显（图3-6）。

3.3.2 补色的配色法

即红—绿、蓝—橙、黄—紫之间的配色方法。补色的配色法给人前卫、开朗、流行的感觉，适用于餐厅及年轻人的领域。要注意色彩之间的对比关系，即色彩间的明度高低、纯度强弱、面积大小，使宾主的关系明确（图3-7）。

3.3.3 对比色的配色法

包括高纯度的对比色的搭配（如三原色）、低纯度的对比色的搭配（如粉红配浅紫）和中纯度的对比色的搭配（如洋红配天蓝色），当然也包括不同纯度明度的对比色搭配，应注意色彩之间的主次变化。此配色法是一种非常活泼灵活的配色方法，也是较不易学习的配色方法，多加练习，配色的空间会更加广泛。对比色的配色方法，给人前卫、鲜明、开朗、流行的感觉，适用于餐厅及年轻人的领域等（图3-8）。

图3-8

下面几组是多位POP设计师多年的经验总结，供大家参考学习。

（1）手绘POP海报设计中色彩的搭配

1 黑 黄
2 黄 黑
3 黑 白
4 紫 黄（图3-9）
5 紫 白
6 蓝 白
7 绿 白
8 白 黑
9 黄 绿
10 黄 蓝

图3-9

图3-10

图3-11

（2）手绘POP海报设计中背景与配色的搭配

背景（底色）	配色
黑白	黄－黄橙－黄绿－橙
白黑	红－紫－蓝紫－蓝
红白	黄－蓝－蓝绿－黄绿
蓝白	黄－黄橙－橙（图3-10）

3.3.4　色彩的联想

色彩在视觉艺术中具有特殊的美感魅力和十分重要的美学价值。现代色彩生理、心理实验表明，色彩不仅能引起人们对物体的大小、轻重、冷暖、膨胀、收缩、后退等心理感觉，而且还能引起不同的心理活动，唤起各种不同的情感联想。如：红色象征热血献身，黄色象征智慧文明，绿色象征丰收的希望，白色象征无暇和洁白，蓝色象征精神的召唤，粉色象征少女的丰润，紫色象征权利的威严等。不同的配色能形成热烈兴奋、欢快喜悦、雍容华丽、文静典雅、质朴大方等不同的情调（图3-11、图3-12）。

各种色彩的象征：

红色——热情、活泼、热闹、革命、温暖、幸福、吉祥、危险……

橙色——光明、华丽、兴奋、甜蜜、快乐……

黄色——明朗、愉快、高贵、希望、发展、注意……

绿色——新鲜、平静、安逸、和平、柔和、青春、安全、理想……

蓝色——深远、永恒、沉静、理智、诚实、寒冷……

紫色——优雅、高贵、魅力、自傲、轻率……

白色——纯洁、纯真、朴素、神圣、明快、柔弱、虚无……

灰色——谦虚、平凡、沉默、中庸、寂寞、忧郁、消极……

黑色——崇高、严肃、刚健、坚实、粗莽、沉默、黑暗、罪恶、恐怖、绝望、死亡……

以上的色彩搭配是手绘POP海报中强对比的色彩搭配方式，也是视觉冲击力很强的配色方式，值得推广。

图3-12

课后练习

作业名称：POP字体设计。

作业内容：三字以上的标题4组、设计4组。

要求：要与春、夏、秋、冬四个季相关的海报设计；色彩自定，用色醒目但不凌乱。

第4章　POP广告策划

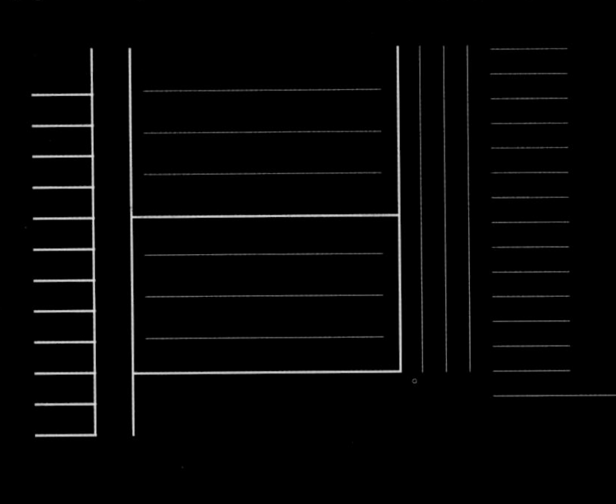

4.1　POP广告策划的程序

所谓广告策划的作业程序，就是在广告策划的具体作业中，通过操作性强、高效率、专业化的方法步骤，有目的、有计划地使广告目标、广告策略、广告预算、广告实施计划及广告效果监测等逐渐明晰和完善，最终形成可供操作的策划方案的过程。

按项目推进的顺序，广告策划的流程大致可分为客户信息阶段、作业准备阶段、策划作业阶段、广告表现作业阶段和执行作业阶段五个步骤。

同样的，作为一种特殊的广告形式，POP广告策划的流程也有如上五个大的作业阶段。按照目前广告公司的工作流程具体分为以下流程。

（1）接受任务

从广告主那里尽可能多地了解相关信息，如广告主的目的、要求、预算。并索要素材、资料，包括文字及图形、图片，签订合同POP广告作业的开展，先由厂商和广告公司召开工作说明会，双方在参加工作说明会之前的准备是收集一些相关资料，使说明会内容的理解度及作业重点能够掌握。

（2）收集资料、市场调查

资料收集、市场调查阶段结束，便进入企划阶段。从收集来的各方面资料中挑选有用者，加以整理来帮助POP概念的确立。

（3）企划案的设计

仔细分析任务特点及所获材料，有针对性地提出解决方案的大致轮廓。通过多层次的调查研究，获得方案的可行性意见，付诸具体的设计环节，完成视觉方

图4-1

图4-2

案（图4-1、图4-2）。

POP广告的设计，必须同时从零售商的角度着眼，而避免单从生产面着手，只重视设计本身。在设计时，不只是要注意POP广告的本身，如插图、室内设计、素材、加工，也要规划制造费用、制作期限、制作数量、预算、布置场地等问题。

广告公司根据POP广告的设计进度不断与厂商进行沟通，修正设计思路，补充新的相关资料，确保提案的POP广告作品得到厂商的认可。

在这个环节，尤其要注意：

a. 应尽量将图面设计得简明清楚；

b. 试做图完成后，做一模型以便检讨其机能和比例；

c. POP广告为达到效果，应少用文字，多用图画来表示。

（4）POP广告的选材试做

再好的企划书，也比不上实际试做出来的效果。试做可说是POP广告制作过程最重要的时刻。

POP试做，由于困难度高，最好由设计者亲自控制。由于会一再修正，时间的掌握也很重要。特别是POP的样式变化较多，不仅仅是一贴了事的壁面广告，许多形式的POP要涉及安装固定、连接电源以及安全因素的考虑（图4-3）。

图4-3

（5）详细估价

POP广告一旦试做完成，构想具体化呈现，在这阶段，必须提出详细的生产计划，其中包括成本估计。对使用部门与客户而言，POP广告的成品和成本估价均相当重要。

（6）POP广告产品试做发表会

广告公司将前一阶段试做完成的POP广告，加以发表，解释POP广告设计的重点与企划意图，最好能在售点进行布置。

（7）制作数量的确认

根据发表会的POP广告，厂商常会有临时性的修正与要求，并确定各种形态POP广告的最终要求数量。

（8）正式定案

经过POP广告发表会后，对于广告文案、广告表现、制作方式、制作数量、制作成本等均有正式的定案，接下来就是发包生产与交货结案了。

（9）订制后的生产与交货

一旦正式定案，广告公司就要在期限内生产成功。交货之前，也要检查与联络，确保POP广告如期到达客户（使用者）手中。

在实施各作业阶段的同时，策划POP广告时要留意下列重点：

a. 使用POP的目的；

b. 决定在哪一种商品或何处设置POP广告；

c. 决定POP广告使用何种文案和词句；

d. 决定POP广告的形态、大小、材料、色彩；

e. 决定POP广告文字的字体、大小；

f. 决定POP广告的设计配置；

g. 安装POP广告；

h. 确认POP广告是否正确使用。

4.2 POP广告的设计

POP广告的设计总体要求就是独特，不论何种形式，都必须新颖独特，能够很快地引起顾客的注意，激发消费者“想了解”、“想购买”的欲望。售点广告的运用能否成功，关键在于广告画面的设计能否简洁鲜明地传达信息，塑造优美的形象，使之富于动人的感染力。只有好的创意和设计，“小广告”才能达到大效果。

4.2.1 设计原则

对设计者的要求是具有多方面的知识和经验，因为POP的设计将有可能涉及许多看似与广告无关的领域。

POP广告成功的关键在于寻求有的放矢地表现最能说服打动顾客的内容。必须具有促销功能。

从时点上看，POP广告是直接沟通顾客和商店的媒介，因此，在设计和运作方面，特别注重现场广告的心理攻势。实践证明，成功的POP广告可在某种程度上缓解消费者的动机冲突，有效地促进销售，关键在于寻求有的放矢地表现最能说服打动顾客的内容。造型简练、设计醒目，强调现场广告效果（图4-4）。

图4-4

应根据零售店经营商品的特色，如经营档次、零售店的知名度、各种服务状况以及顾客的心理特征与购买习惯，力求设计出最能打动消费者的广告。

（1）POP广告设计以精致美观为前提，务求方便性。设计简陋、毫无新意、制作粗糙的POP广告不但不能很好地显示商品的品质，还会影响消费者改变消费态度。POP广告无论在室内室外，都要受到一定的空间限制，只能借助有限的空间来传播商品信息，所以必须考虑放置POP广告的商店内实际情况。

（2）要考虑其完整的效果。许多POP的形式不是单一平面的，必须考虑多个面的变化与统一，另外POP广告要与电视、报纸和户外广告的视觉形象相统一，才能使顾客把已经接触到的同一商品的其他广告回忆起来，使广告的效果得到成倍的放大。

（3）要始终将环境特点装在心中。

（4）要不断地创新和开发新的形式和方法。

另外，在具体设计中要特别注意以下小的细节。

（1）POP广告文案设计技巧：力求简明、易读，重要内容先写，最好分开逐条书写，最好在每条文前加记*·#等符号，每行以不超过15字为宜，文中尽量少用外文。

POP广告文案好坏原则为：应有创意，对读看者产生直接冲击，并产生连续兴趣，又提供产品消息，强调销售重点，简明，有趣，易懂，用读看者常用的话，生动，一目了然（图4-5）。

（2）POP广告的图文必须有针对性地、简明扼要地表现出商品所能提供的特殊利益、优点、特征等内容。日用品类商品一般都是反复性购买，可以将商品的包装设计成诱发下次购买的媒介，如包装上加上有价格、对话式的广告贴纸等。在饼干、糖果、饮料、洗涤剂等日用品营销上使用此法，屡试不爽、收效显著。

（3）价格是POP广告信息组成中的重要单元，在其内容编排时最好考虑留出一块重要的位置和足够的面积，用来标出商品的价格。

（4）在销售现场，到处都可以看到商品实物陈列，无需在POP广告上再印上商品陈列的画面。

图4-5

（5）颜色调配以不超过三色为宜，多了反而使人眼花缭乱，产生反效果（图4-6、图4-7）。

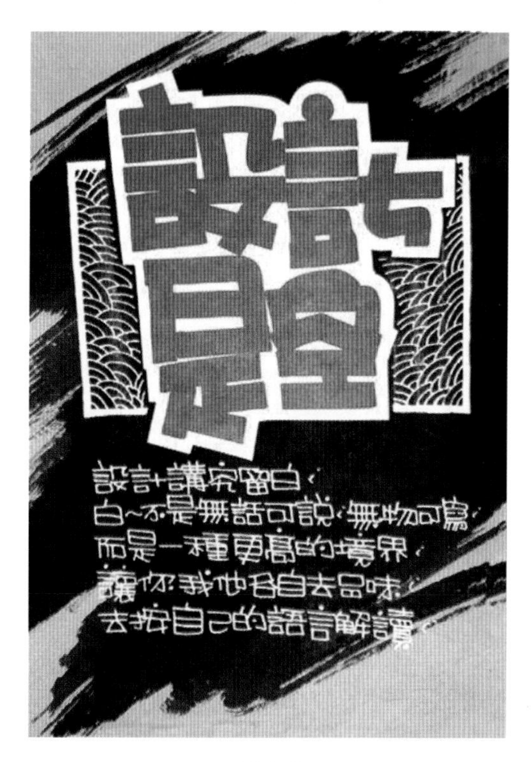

图4-6

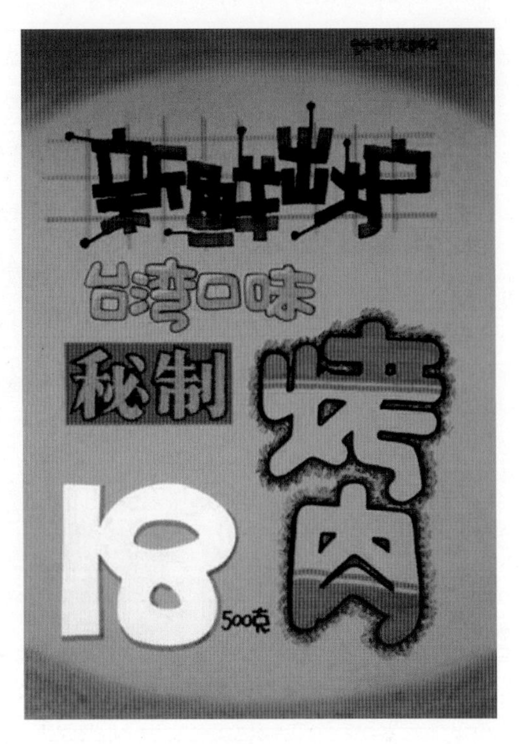

图4-7

（6）造型与色彩必须配合季节、喜庆节日，考虑季节性和生活习惯等客观因素（图4-8、图4-9）。

总之，要尊重策划方向、了解受众情趣、深挖表达语言、联系现场特点、懂得借助材料、立足经济适用。

图4-8

图4-9

4.2.2 设计思路

POP的设计思路可从外观样式、材料配合、平面处理等多个角度出发进行构思。不要拘泥于已有的样式，材料要创造性地利用，平面图形更要出新出色（图4-10～图4-12）。

4.2.3 材料运用的设计技巧

材料是POP广告所真正依附的本体。然而材料本身不是终极，材料美是需要挖掘的，材料的运用同样充满了创意。可以运用某种材料单纯反复形成统一的美；也可以运用不同材质体现的对比美，例如天然材质与人工材质，粗糙与光滑的材料等。

纸是最易加工、最易附着图形、最经济的材料。因此纸材是首先考虑使用的材料。沙土、木屑的质感能够带来联想，运用恰当不失为上好的材料。

总之，不能唯材料而材料，造成材料与内容的背离，适得其反。

图4-10

图4-11

图4-12

4.3 POP广告的制作

POP的制作应把握以下几点：一是要突出品牌；二是要突出产品特色，制造卖点；三是力求新颖别致。

制作POP广告时要注意：诉求内容明确、单一，字体清晰易读，整体醒目、新颖、力求美观。尺寸大小的确定必须依据各种材料的不同规格来进行，以免浪费材料。造型及配件等必须符合不同的工艺加工要求，同时要考虑运输、布置、管理的方便。大小规格：宜采用长方形，并因地制宜、大小适中，以不遮蔽陈列的商品为原则。为了发挥显眼的吸引效果，幅面越大越好，但是必须注意，给顾客看到的并非POP广告，主要还是商品（图4-13）。

图4-13

4.4 POP广告的安装、发布、维护

4.4.1 总体原则

制作完成的POP广告，按照事先安排的位置地点进行安装制放。有以下几个原则要强调说明。

（1）遵守法律规定。内容形式要符合国家的各项法律法规。如要内容健康，文字规范等。

（2）尊重行业管理。广告的发布是要获得准许的，尤其是在室外设置的各类广告更有严格的规定，要遵照执行。

（3）做好安全鉴定。吊挂的结构要考虑牢固程度，通电的造型要有防电安全措施，立地的摆设要避让通道等。

（4）POP的分发要有计划性，最好是同一地区一次性发布，以求规模效果。

一些具体的细节可参考如下。

a. 商品说明书、精美商品传单等资料应置于取阅方便的POP展示架上；对新产品，最好采用口语推荐的广告形式，说明解释，诱导购买（图4-14、图4-15）。

图4-14

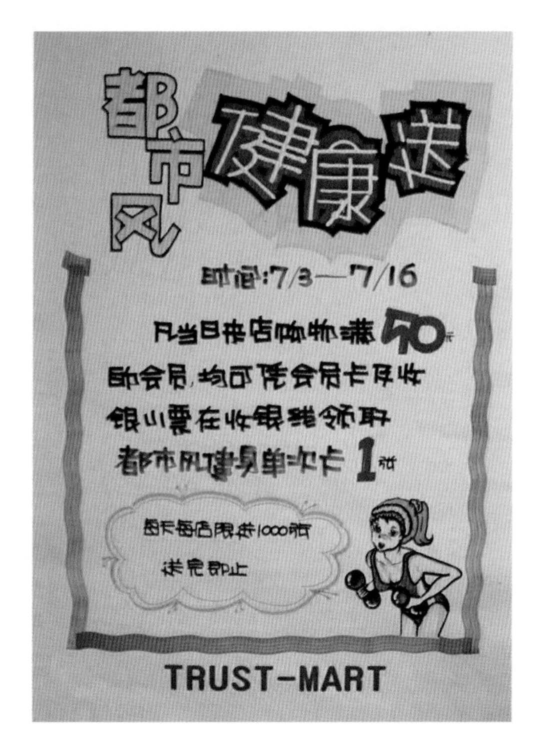

图4-15

b. 横幅悬挂于店门上方，如需挂于店内，则最佳位置为迎门墙壁上方、主货架上方及电梯上方。

c. 灯箱位于店内最佳位置，最好不要与其他灯箱混杂在一起，否则，以颜色加以凸显。

d. 壁牌张贴于店内墙面，避免与其他宣传品混杂，位置醒目，不被遮挡；放置或张贴在店内某物体上，也可张贴在店外墙面或玻璃橱窗上。

e. 特价商品应同时明显地标出原价和特价。

f. 台牌放置在迎门、产品陈列附近的柜台上，或放置在店内某较低物体上，位置醒目，不被遮挡。如台牌卡放置在柜台上，则靠近产品摆放处，内装折页或小手册，便于目标购买者详细了解产品。

g. 巨幅视觉效果极佳、大气，但要注意防风设施（悬挂于大型商场、超市正面或面对人流量较大的墙面上）。

h. 小海报最好四联张以上，依据现场条件组成“田”字方阵或纵横“一”字型，三张应贴成“品”字型；小海报可串线制成彩旗悬挂，避免与其他同色宣传品混杂。

i. 招贴画通常要选择店外两侧1.4～1.8米光洁墙面、店堂玻璃门或店内1.4～1.8米光洁墙面上，粘贴牢固，排列张贴，视觉及宣传效果更佳。

j. 尽最大可能放置台牌卡、小手册、三折页等。

定期更换，保持常新，换成不同的版面更好。POP广告容易沾染灰尘，如不经常保持清洁，其广告功效将大为逊色。

用于阶段性促销的POP工具，促销活动结束后必须换掉，以免误导消费者，引起不必要的纠纷。

4.4.2 维护方法

一般城区每周至少检查2次，县级每周1次，发现污损、遗失时，及时更换或补。同时与售货员协调关系，寻求保护。

必须到销售现场作定期检查，查看POP广告有无污秽、破损、过期失效、遗失的现象，并及时予以改正，如此才能维护品牌形象，发挥其最大的促销力。

更换及拆除已褪色或附有旧的广告标语的广告物。当促销活动结束时，必须将广告品换除。

4.4.3 POP广告使用的检查要点

及时地检查POP广告在超市中的使用情况，对发挥其广告效应起到很大的作用，其检查的要点如下：

（1）POP广告的高度是否是顾客目视的高度？

（2）是否依商品的陈列来决定POP广告的大小尺寸？

（3）广告上是否有商品使用方法的说明？

（4）有没有脏乱和过期的POP广告？

（5）广告中关于商品的内容是否介绍清楚（如品名、规格、价格、期限）？

（6）顾客是否看得清和看得懂字体（禁止使用不常用的繁体字和艺术化的字体）？POP中是否有错别字？

（7）是否由于POP广告使用过多，而使信道视线不明？

（8）POP广告是否有水湿而引起的卷边或破损？

（9）特价商品POP广告是否强调了与原价的跌幅和销售时限？

课后练习

作业名称：手绘POP海报设计。

作业内容：POP海报设计四张。

要求：要尊重策划方向、了解受众情趣、深挖表达语言、联系现场特点、懂得借助材料、立足经济适用；

POP的设计思路可从外观样式、材料配合、平面处理等多个角度出发进行构思。不要拘泥于已有的样式，材料要创造性地利用，平面图形更要出新出色。

第5章　POP广告的平面设计原理

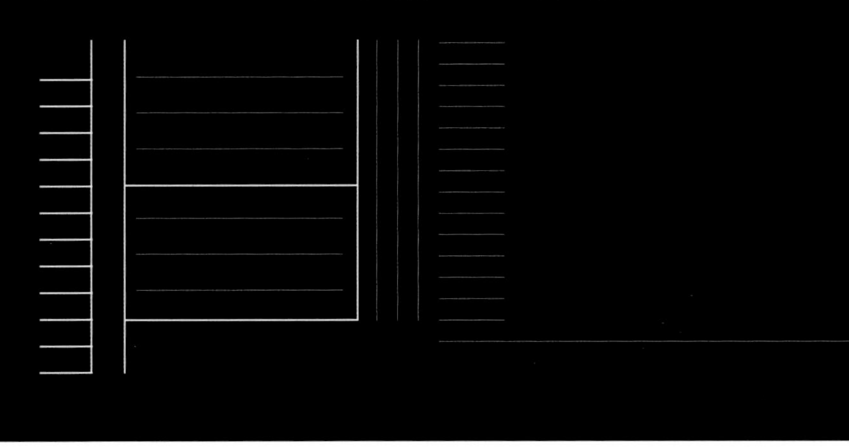

5.1　构成要素在POP广告中的应用

在POP作品制作过程中，当信息量比较多的时候，对POP设计者的版式设计的能力要求就比较高了，如何处理好画面，不但要有条理、清晰地传递信息，而且画面还应该具有较强的视觉冲击力，吸引消费者的眼球，这是POP设计者必须掌握的能力。学习POP广告排版，首先应该了解要处理的元素（信息），信息是手绘POP广告制作的核心，处理好它们是POP海报制作成败的关键。在手绘POP海报中，信息主要由文字和图形组成，在POP版面安排上，可以把文字、图形理解为某种意义上的造型三元素——点、线、面。世上万物都可归纳为点、线、面，一个字母、一个页码数，可以理解为一个点；一行文字、一行空白，均可理解为一条线；数行文字与一片空白，则可理解为面。它们相互依存，相互作用，组合出各种各样的形态，构建成一个个千变万化的全新版面。所以说POP设计的排版实际上就是如何经营好点、线、面。不管版面的内容与形式如何复杂，但最终可以简化到点、线、面上来。

图5-1

在图5-1中，琴音、水壶在整个画面中可以看做两个大的色块，在画面中充当面的作用。在POP的制作中，画面中经常会出现一些线，这些线在画面中会起到美化和规整画面的作用。 POP海报下面“厨房好帮手”几个字，明显比“水壶”的字体偏小，在画面中起到点缀和辅助说明的作用，画面面积小，也就是画面中的点。

5.1.1 点在POP海报版面中的应用

点是版面中最基本的要素，具有内在的稳定性以及大小和形态上的属性。在版面中，点的表现是多样的，可以是单个的字母，小幅的图像或者任何具有相似特征的版面元素。在版面的编排中，点可以表现为焦点，成为版面的视觉中心，也可以配合其他视觉元素，起到均衡版面的辅助作用。组合起来的点，随着排列秩序和数量上的变化可以转化为线或者面，成为版面的肌理或视觉要素的组成部分。

在图5-2中，作品中的红色块和黄色块是标准意义上的面。这五行文字，单独的文字可以理解成一个个的点，有许多的文字就可以组成线，有许多排文字就可以组成面。画中的插图，在画面中也占有不小的面积，在此作品中可以把它理解为面。

图5-2

点的感觉是相对的，它是由形状、方向、大小、位置等形式构成的。这种聚散的排列与组合，带给人们不同的心理感应。点可以成为画龙点睛之“点”，例如图5-2作品上面的小红心，起着平衡画面轻重，填补一定的空间，点缀和活跃画面气氛的作用；同时还可以组合起来，成为一种肌理或其他要素，衬托画面主体。

5.1.2 线在POP海报版面中的应用

线游离于点与形之间，具有位置、长度、宽度、方向、形状和性格。直线和曲线是决定版面形象的基本要素。每一种线都有它自己独特的个性与情感存在着。将各种不同的线运用到版面设计中去，就会获得各种不同的效果。所以说，设计者能善于运用它，就等于拥有一个最得力的工具。

线从理论上讲，是点的发展和延伸。线的性质在编排设计中是多样性的。在许多应用性的设计中，文字构成的线，往往占据着画面的主要位置，成为设计者处理的主要对象。线也可以构成各种装饰要素，以及各种形态的外轮廓，它们起着界定、分隔画面各种形象的作用。 作为设计要素，线在设计中的影响力大于点。线要求在视觉上占有更大的空间，它们的延伸带来了一种动势。线可以串联各种视觉要素，可以分割画面和图像文字，可以使画面充满动感，也可以在最大程度上稳定画面。

从图5-3中可以看到，在各种POP作品中出现不同形状的线，这种线在画面中不但承担了造型元素的角色，同时主导或者辅助版面的基本结构，起到界定、连接和分隔版面视觉元素的作用，在人类早期的文献编排中，线就是版面划分的主要元素，在20世纪早期的风格主义和构成主义的版面中，各种线的穿插组合形成了特殊的版面结构。

图5-3

5.1.3 面在POP海报版面中的应用

面在空间上占有的面积最多，因而在视觉上要比点、线来得强烈、实在，具有鲜明的个性特征。因此，在排版设计时要把握相互间整体的和谐，才能产生具有美感的视觉形式。在实际的POP海报排版设计中，面的表现也包容了各种色彩、肌理等方面的变化，同时面的形状和边缘，对面的性质也有着很大的影响，在不同的情况下会使面的形象产生极多的变化。在整个基本视觉要素中，面的视觉影响力最大，它们在画面上往往是举足轻重的。

在图5-4中，红色五角星下面黑色的部分为几何形，红色圆圈下面浅黄、土黄和橙色的部分为自由形。

图5-4

由于占有的空间位置最多，面的视觉强度要大于点和线，因而面的形态往往决定了版面视觉的基调，面同时也是各种基本形态中最富于变化的。从形状上说，面包括了几何形态和自由形态两类，几何形态的面呈现出韵律和秩序的视觉感受，而自由形态的面更为活跃和生动，同时，面也具有大小、色彩、肌理等方面的变化，这些变化成为了版面风格的决定性因素，在版面中，面可以表现为大幅的图像、夸张的视觉符号或者是字母，也可以表现为版面的背景或空白的“虚”面。

在图5-5中，不同色块产生不同的视觉感受。

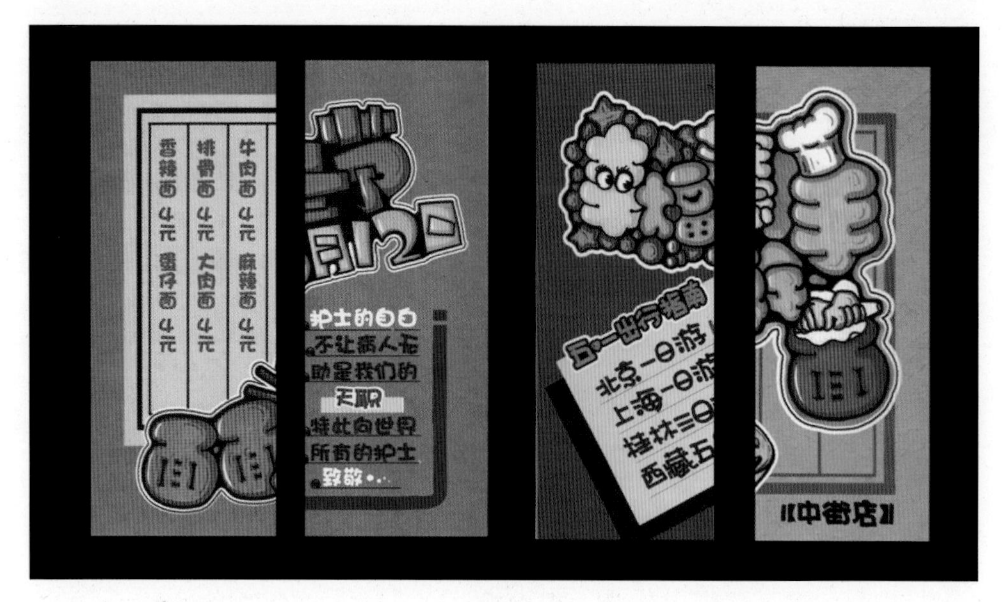

图5-5

5.1.4 丰富设计语言的方法——肌理与质感

肌理和质感是把触觉的感受引入到平面的视觉中，在日常生活中我们见过、摸过这些材料，因此看到这些图像时会唤起我们的感受。

生活中纯粹的平面图形是不存在的，任何形态都是附着在材料上的。肌理和质感把不同材料的组织结构细节展现出来，或者人为地再现这种材料的结构和纹路。肌理偏重于材料纹理，质感更偏重于材料和质量对心理的暗示，如丝绸和钢铁分别给人柔软光滑和冰冷坚硬的感觉。

在POP海报设计中，为了使比较的字和画面背景不太呆板，使文字和背景活跃起来，通常会在背景上图画一些图形，或模仿某种物质的质感，使画面更具有审美性、直观、真实（图5-6～图5-11）。

图5-7

图5-8

图5-6

图5-9

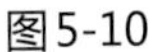

图5-10

图5-11

5.2 POP海报版式设计的原则

5.2.1 形式与内容统一性原则

版式设计的前提——版式所追求的完美形式必须符合主题的思想内容。通过完美、新颖的形式，来表达主题（图5-12、图5-13）。

没有文字的版面，最难设计。

图5-12

图5-13

5.2.2 排版设计中的趣味性与独创性

主要是指形式的情趣。这是一种活泼性的版面视觉语言。趣味性可采用寓意、幽默和抒情等表现手法来获得。

版面构成中的趣味性，主要是指形式美的情境。这是一种活泼性的版面视觉语言。如果版面本无多少精彩的内容，就要靠制造趣味取胜，这也是在构思中调动了艺术手段所起的作用。版面充满趣味性，使传媒信息如虎添翼，起到了画龙点睛的传神功力，从而更吸引人、打动人。趣味性可采用寓言、幽默和抒情等表现手法来获得。

独创性原则实质上是突出个性化特征的原则。鲜明的个性，是版面构成的创意灵魂。试想，一个版面多是单一化与概念化的大同小异，人云亦云，可想而知，它的记忆度有多少？更谈不上出奇制胜。因此，要敢于思考，敢于别出心裁，敢于独树一帜，在版面构成中多一点个性而少一些共性，多一点独创性而少一点一般性，才能赢得消费者的青睐。 这种独特的版面诉求，能给读者以视觉的惊喜（图5-14、图5-15）。

图5-14

图5-15

5.2.3 整体性与协调性

版面构成是传播信息的桥梁，所追求的完美形式必须符合主题的思想内容，这是版面构成的根基。只讲表现形式而忽略内容，或只求内容而缺乏艺术表现，版面都是不成功的。只有把形式与内容合理地统一，强化整体布局，才能取得版面构成中独特的社会和艺术价值，才能解决设计应说什么，对谁说和怎么说的问题。

强调版面的协调性原则，也就是强化版面各种编排要素在版面中的结构以及色彩上的关联性。通过版面的文、图间的整体组合与协调性的编排，使版面具有秩序美、条理美，从而获得更良好的视觉效果（图5-16、图5-17）。

图5-16

图5-17

5.2.4 主题突出性原则

版式设计的最终目的是使版面产生清晰的条理性，用悦目的组织来突出主题，达到最佳效果（图5-18、图5-19）。

图5-18

图5-19

① 按照主从关系的顺序，使放大的主体形成视觉中心，以此表达主题思想。

② 将文案中的多种信息作整体编排设计，有助于主体形象的建立。

③ 主体形象四周增加空白量，使被强调的主体形象更加鲜明突出。

5.3 POP常用版面的相关技巧

（1）整体布局

要在四周留出空。

（2）边线

使用要适当，不推荐很细的单线条作边线，不推荐毫无加工的直角转折，可以不加边线的作品就不要加，起码不要生硬地加，注意边线的粗细、转折和整体协调。

（3）插图

插图可以没有，但是插图绝对是主要的而不是次要的，一幅海报，首先靠色彩吸引人，然后就是报头（主副标题）说明内容，这个时候看到的，就是插图对内容的形象表达，所以选择插图不要脱离主题。

（4）修饰

修饰和插图的区别，就在于和内容的关系，修饰不是主要的，但是是重要的，此内容在相关版面均有介绍。

（5）正文

行距大于字距，根据选择字体不同，方法也不一样，简单说，正体字要底面对齐， 活体字要区分大小。

课后练习

手绘POP海报设计

要求：主题要明确；

写明具体所要表达的信息，要全面、简洁；

说明海报尺寸大小；

运用本章所学装饰绘制海报；

其他说明。

POP广告由于其低廉的制作成本和较强的信息传达能力以及很好的亲和力而备受商家青睐，应用相当的广泛。POP广告从表现形式上可分为立体POP广告和平面POP广告；从制作工艺上可分为手绘POP广告和电脑设计POP广告。下面我们就来一一了解一下立体POP广告、平面POP广告以及电脑设计POP 广告。

6.1 立体POP广告的制作

立体POP广告不同于一般的摆设装饰品，它是一种商业行为，是以商品形象诉求为出发点的实用性广告设计，具有一定的广告目的性。其主要包括陈列展示广告、橱窗广告以及POP包装广告等。立体POP广告按其分布位置可分为室内立体POP广告和室外立体POP广告两大类。室内立体POP广告是指销售场所内部的各种立体POP广告，如店内货架商品陈列广告、柜台广告、模特广告等。室外立体POP广告是指销售场所以外如商场、超市门前或附近的各种立体POP广告，如广告牌、指示物、橱窗展示广告、悬挂物、灯箱、霓虹灯等。

6.1.1 立体POP广告材料选择

立体POP广告所使用的材料多种多样，从材料的属性来说主要分为两大类：纸质材料和非纸质材料。纸质材料是指各种规格、质地的纸张以及以纸为基础原料的合成材料。纸质材料基本上可分为纸张、纸板和瓦楞纸三大类。其中除了常用的白板纸、铜版纸、胶版纸、卡纸、牛皮纸、黄板纸之外，许多新兴的特种纸也为设计提供了多种选择，例如绿色环保的再生纸，透明抗张的玻璃纸，立体富丽的铝箔纸和表面带有各种凸凹花纹肌理、色彩丰富的艺术纸等。非纸质材料是指金属材料、木料、塑料、纺织面料等。了解和掌握各种立体POP广告材料的规格、性能和用途是设计好立体POP广告的重要前提（图6-1 ～图6-6）。

图6-1　纸质材料柜面POP广告

图6-2　纸质材料立地POP广告

图6-3　金属材料商品展示POP广告

图6-4　木质材料商品展示POP广告

图6-5　纺织材料美化环境POP广告

图6-6　电子显示屏POP广告

6.1.2 立体POP广告结构形式

（1）承物式立体结构

承物式立体POP广告顾名思义就是具有一定承载商品功能的广告宣传形式，它大量应用在柜台展示、POP包装和地面立式POP广告中，如开窗式、提篮式、陈列式、异型式、仿生式等（图6-7、图6-8）。

图6-7 承物式立体POP广告

（2）悬挂式立体结构

悬挂式大多是对商场或商店上部空间及顶部做有效的利用，悬挂色彩鲜艳的吊旗或造型各异的吊挂物。其立体结构形式可分为单独悬挂和连续悬挂展示两类。

悬挂式立体POP广告用于商场，既美化环境又为消费者创造了良好的购物氛围（图6-9、图6-10）。

图6-8 承物式商品柜台展示立体POP广告

图6-9

图6-10

悬挂式立体POP广告用于专卖店和超市，既营造了气氛又方便了消费者（图6-11、图6-12）。

（3）纯广告体式立体结构

纯广告体式的立体POP广告是用来完全传达商品信息或制造销售气氛的，以起到招揽顾客的作用（图6-13～图6-16）。

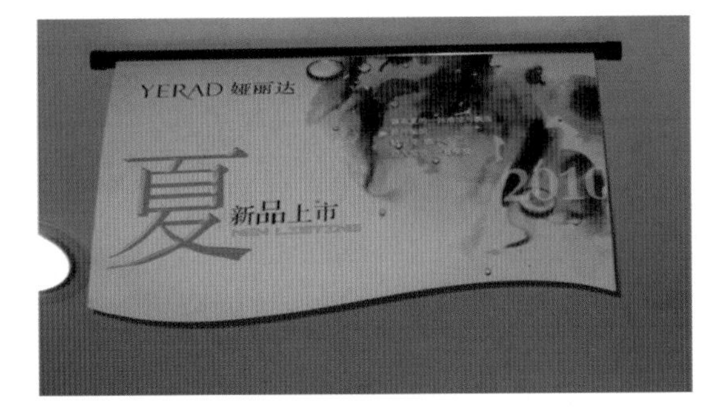

图6-11

图6-12

图6-13

图6-14　纯广告体式立体POP用于店面前的指示物

图6-15　纯广告体式立体POP用于商场内部的产品展示

图6-16　纯广告体式立体POP用于橱窗展示

6.1.3 立体POP广告造型设计方法

立体POP广告造型形式变化多样。有立体造型设计、浅立体设计，模拟形态、几何形态，具象造型、抽象造型等，因此要特别注重对造型与结构的研究，既要考虑造型效果，又要符合结构的变化和其他功能的需求。

（1）仿生模拟形

仿生模拟形的设计方法有两种：一种是直接模拟，另一种是近似模拟。

直接模拟形一般是采用产品实物形象，或是产品模型的放大或缩小，也可以是产品有关的附加具象形态造型或象征具象形态造型。例如直接用洗发水的瓶子造型做洗发水的展示货架；采用自然形，如花、叶、树、贝壳等形做价目展示卡（微型标牌式POP）；采用各种动物、人物形象做立地式POP等。

近似模拟形是对具象实物加以概括、提炼、分解，抓住主要特征的模仿，例如模仿建筑物、交通工具、用具等，做柜台式POP等，由于其造型接近生活，具有亲切感，容易被理解、接受，较适合做日用品类的广告（图6-17～图6-19）。

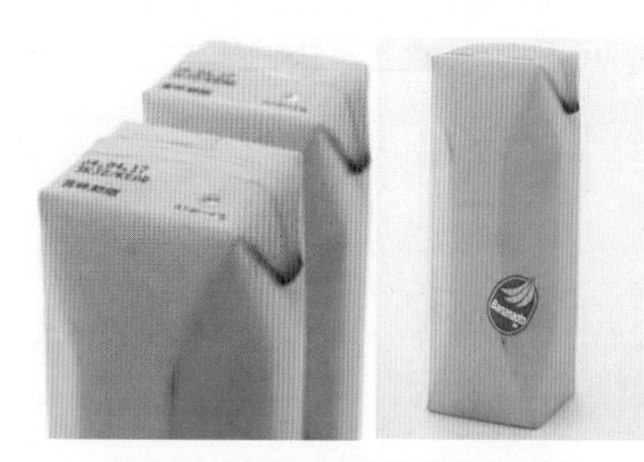

图6-17　近似仿生模拟香蕉的POP包装

图6-18　直接仿生模拟人物形的拱形门

图6-19　直接仿生模拟足球形

（2）几何抽象形

抽象形态的造型，是以几何形态为主的，有方形体、球体、柱体、线体、多块面体以及形态各异抽象的流线体造型等。

（3）增量叠加形

增量形即把一个造型做几个连续重复连结设置，形成一个新的造型。这种用相同的造型以大小不同或相同的方式连续重复出现，具有很强的韵律感和层次感，很大程度上达到了增强视觉冲击力加强记忆的效果。如悬挂式POP以及柜台摆放式POP等都大量运用了增量叠加等造型方法来烘托气氛，加强效果（图6-20、图6-21）。

图6-20　连续重复出现增量叠加形强调了产品的系列性

图6-21　标志增量叠加形的运用增强了购物环境的韵律感

6.2　平面POP广告的设计与制作

平面POP广告主要包括手绘POP广告、店面广告、吊牌、各类展板、招贴画、广告宣传单以及促销赠券等。

6.2.1　平面POP广告设计制作要点

（1）准确性

平面POP广告要让消费者一看就知道广告的诉求重点是什么，色彩和形象都要简明扼要，在文字表述上删繁就简，做到主题突出、形象鲜明，把商业信息最快、最准、最新地传递给消费者。同时，平面POP广告还要求设计者准确地把握消费者的类型、消费习惯和消费水平，做到目标消费人群针对性强，使广告设计制作有的放矢。

（2）艺术性

平面POP广告要达到促销宣传的目的，就要既重视实用性又要重视艺术性，使作品远看引人注目、推陈出新，近看精巧细致、耐人寻味，从而提升宣传品的品质，引发人们的购买欲望。独特优雅的POP广告和优良的商品相得益彰，有助于提升商品的格调和商店的品位。在画面处理上要注意整体视觉中心的均衡性；在形式内容上注意出奇制胜，具有一定的新奇性；在文字表述上要注意简短准确与幽默性。

（3）统一性

平面POP广告的统一性表现在两个方面，一是自身色彩、图形、文字的统一性；二是整体宣传的统一性。一张平面POP广告的设计要考虑到整个运用环境，要和自身产品的其他广告形式相统一，使消费者易于接受、易于识别。

6.2.2　平面POP广告设计分类

（1）打折促销类

一般商场和超市是打折促销类广告的重要阵

地，以换季打折、特卖甩卖、新品上市、买几送几等活动为主要形式，它的制作视觉冲击力强、表现形式多样，具有较强的时效性，暗示消费者“把握机会”、“机不可失、失不再来”，以唤起消费者的购物需求，激发其购买冲动。

图6-22中，绿色的背景上用金粉勾画上古典的纹样以及描绘精致的卡通人物都恰到好处地表达了玉器饰品店的产品。

图6-22

图6-23中，黄色和橙色的运用使画面干净而热烈，虽然画面没有出现糕点，但是仿佛已经让人们看到了香甜的蛋糕。

图6-23

图6-24中，画面构图简洁明快，具有一种沐浴后的清新。

图6-25中，水粉绘制的服装为画面增色不少。

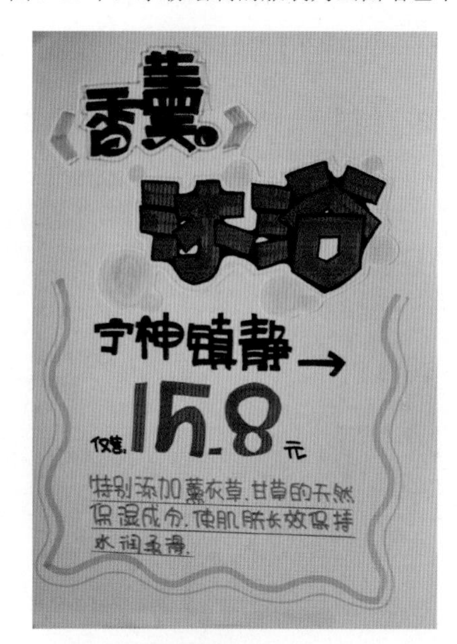

图6-24

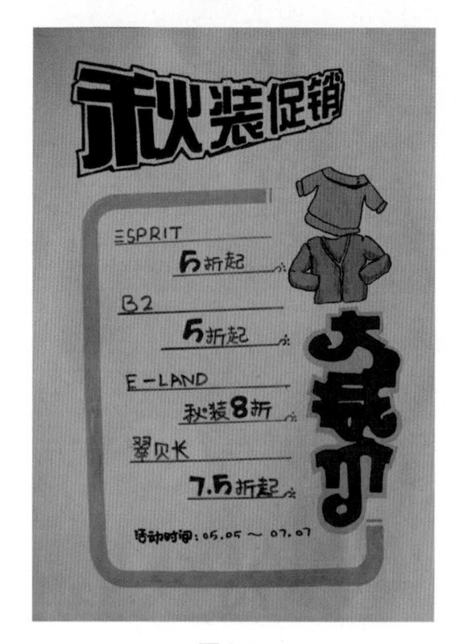

图6-25

图6-26中，淡蓝色的水纹背景使得整个画面清新自然，非常适合小女生的口味。

图6-27中，可爱猴子的无辜表情充分表达了甩货的主题。

图6-28中，在蓝色的背景上剪贴上黄色的大色块让画面耳目一新。

图6-26

图6-28

图6-27

图6-29中，夸张的字体、夸张的卡通形象和红黄色的背景衬托出了“新品上市热卖中”的喜庆气氛。

图6-29

图6-30中，干净清爽的画面给缤纷的夏日带来了阵阵凉意。

图6-31中，小猪跳动起来的形象似乎在召唤大家“马上行动”！

图6-32中，绿色的背景上站着头憨厚的花花牛，作品清新明了。

图6-33中，特卖的标签在店面里经常用得到。

图6-30

图6-31

图6-32

图6-33

（2）餐饮美食类

“民以食为天”，餐饮美食讲究的就是色香味俱佳，博大的美食文化源远流长、内容丰富、样式繁多，为POP广告提供了广阔的展示平台。在制作这类POP广告时应从式样和色彩入手，这样才能不仅仅局限在对食物的描绘上。

图6-34体现出，插图的精彩与否决定了作品的成败。

图6-35中，明黄色的大标题和形象的插图使得作品很容易就吸引住了人的眼球。

图6-36表现了没有插图的作品一样可以做得很精彩。

图6-37中，不同颜色纸张拼贴做出的背景可以丰富画面的色彩。

图6-34

图6-36

图6-35

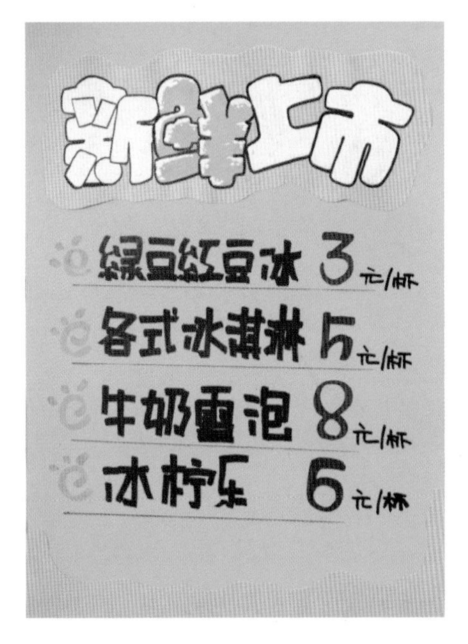

图6-37

图6-38中，标题字斑斓的色彩仿佛让人听到了爆米花的声音，嗅到了爆米花的味道。

图6-39中，醒目的红色运用，有没有想饱餐一顿的冲动？

图6-40中，文字和插图都是水粉绘制的，相当精细用心。

图6-41中，彩色的背景以及背景上的花纹为作品增加了许多北美的风情。

图6-38

图6-39

图6-40

图6-41

图6-42中，作品表现的干净利落让人感到食品卫生又美味。

图6-43中，古朴的色彩给人一种粗犷的风格。

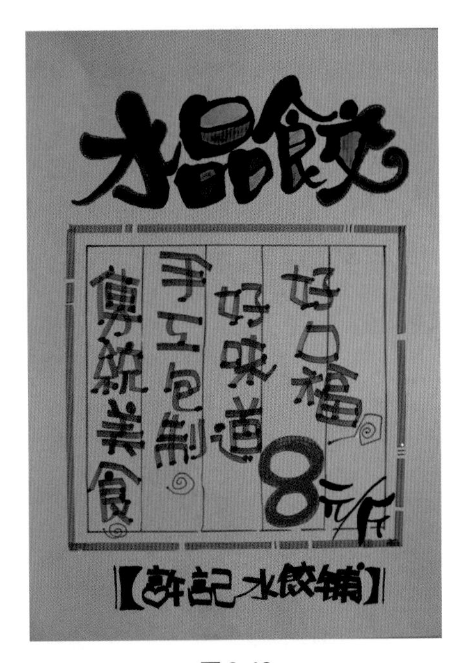

图6-42

图6-43

（3）日用百货类

琳琅满目的各种百货商品要依据不同的商品特性制作不同的POP广告，可以从以往简单的生硬文字表述转为配以实物图片和各种变形艺术字体来提高视觉效果和说服力，因此造型能力是需要着重加强的。

图6-44中，清新整洁的画面让人百看不厌。

图6-45中，白色的背景、绿色的装饰给人们带来了植物精华的气息。

图6-44

图6-45

图6-46中，错落的文字、明亮的色彩炫出了化妆品的时尚。

图6-47中，插图的运用使得作品看起来轻松幽默。

图6-46

图6-47

图6-48中，异型的样式非常适合校园超市的活动。

图6-49中，温温柔柔的色彩运用既时尚又内敛。

图6-48

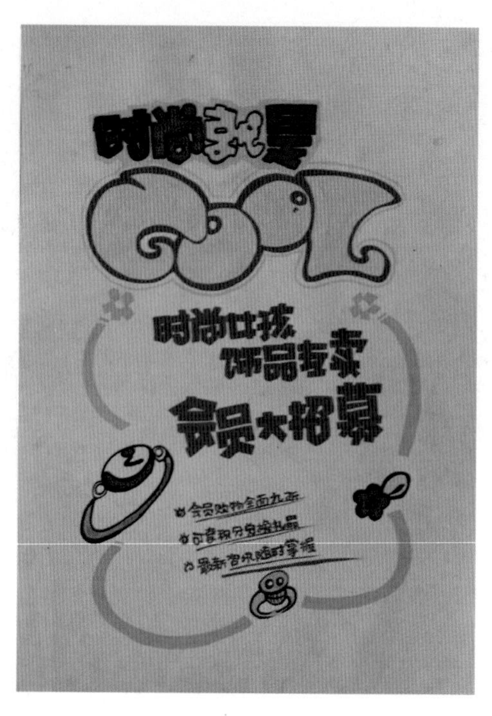

图6-49

图6-50说明在POP作品中一定要根据广告的对象确定插图的运用。

图6-51中，可爱的插图十分惹人喜爱。

图6-52中，鲜亮的色彩十分适合玩具的宣传。

图6-53中，黑色背景的运用使得画面对比更为强烈。

图6-50

图6-52

图6-51

图6-53

图6-54中，亮丽的色彩给人营造出轻松自在的消费气氛。

图6-55中的各式吊牌在店面里是必不可少的。

（4）商务休闲类

商务类POP在日常生活中随处可见，如招聘、温馨提醒、指示牌等，这类广告应避免严肃的说教，尽量设计制作得人性化些，注重字体与色彩、图案的搭配，增强画面的可看性，具有一定的趣味性。休闲类则要注意其娱乐性，画面要具有一定的煽动号召力。

图6-56中，上海世博会一系列的作品重点在标题上，彩色的标题字描上黑边在白色的背景上更为醒目。

图6-57中，鲜艳的色彩、律动的曲线使得画面非常具有号召力。

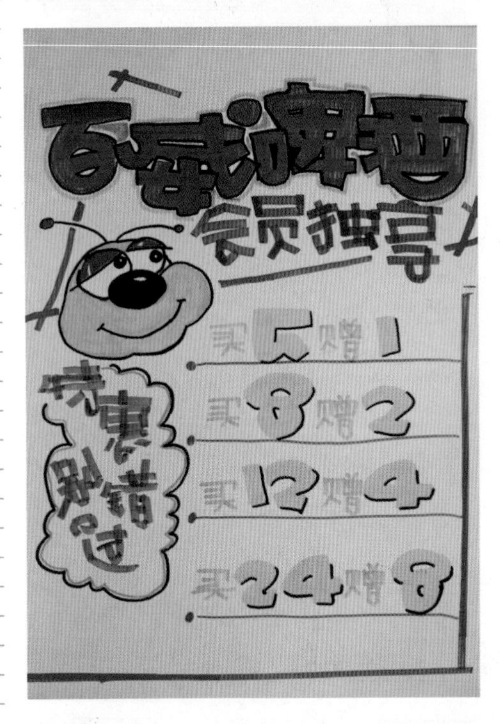

图6-54

图6-55

图6-56

图6-57

图6-58中，黑色的背景、手撕的报纸、红色的标题都给人极强的视觉冲击力。

图6-59中，黑色勾边和各种纹理装饰使得黄色的标题字很漂亮。

图6-60中，可爱的插图与广播站工作非常吻合。

图6-61中，黑色的背景使得画面显得很尊贵。

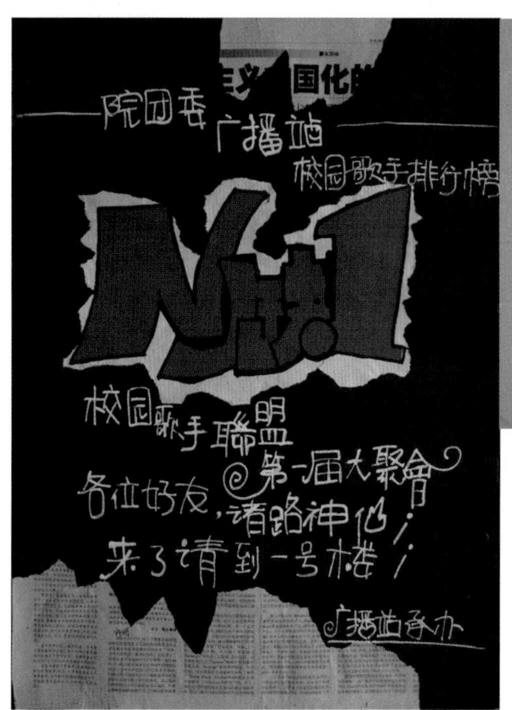

图6-58

图6-60

图6-59

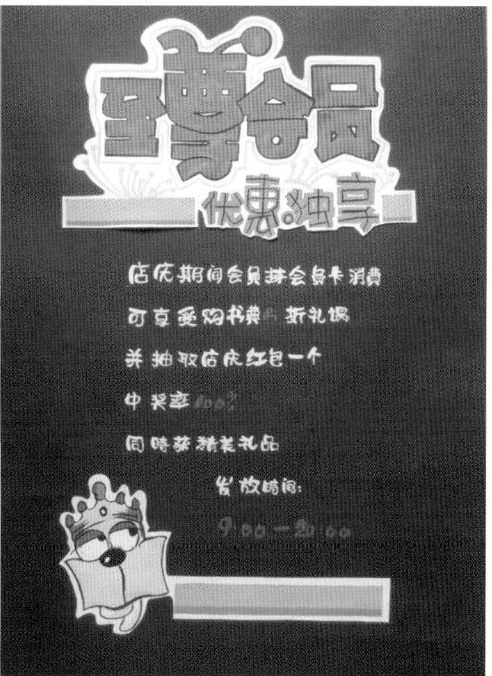

图6-61

图6-62中，自由的线条使得画面轻松而流畅。

图6-63中，插图很传神，似乎真的受到了“启蒙”。

图6-62

图6-63

图6-64中，红色的弯曲外框线使画面得到了规整。

图6-65中，反写的文字和电话号码给人带来了许多趣味。

图6-64

图6-65

图6-66中，在招聘类作品中标题“聘”字很重要。

图6-67中，“冰雪覆盖”的标题字处理得非常合理。

提示性的标示应避免说教（图6-68、图6-69）。

图6-66

图6-68

图6-67

图6-69

图6-70中的色彩搭配非常醒目。

（5）公益节庆类

制作公益节庆类POP广告时，要突出节日的气氛、注重色彩的搭配运用，加强个人的创意，这样才能让人印象深刻。比如，春节是我国最盛大、最热闹的传统节日，红色、黄色、灯笼、爆竹、春联、门神、剪纸等应景传统艺术装饰设计风格会将年节的气氛烘托得淋漓尽致。公益类POP广告则应注意寓教于乐的宣传性，避免使用生硬的文字和呆板的画面。

图6-71中，绚烂的色彩增加了节日的气氛。

图6-72中，元宝和铜钱的运用使得画面颇具有中国年味。

图6-73中，心形的运用在情人节似乎是必不可少的。

图6-70

图6-72

图6-73

图6-71

图6-74中，可爱的虎头卡通使得这个情人节增加了几分童趣。

图6-75中，色块分割的背景使得画面活泼了许多。

图6-76中，奔跑的小卡通动物表达了六一儿童节小朋友的心情。

图6-77中，大大的时钟似乎在提醒人们时间的宝贵。

图6-74

图6-75

图6-76

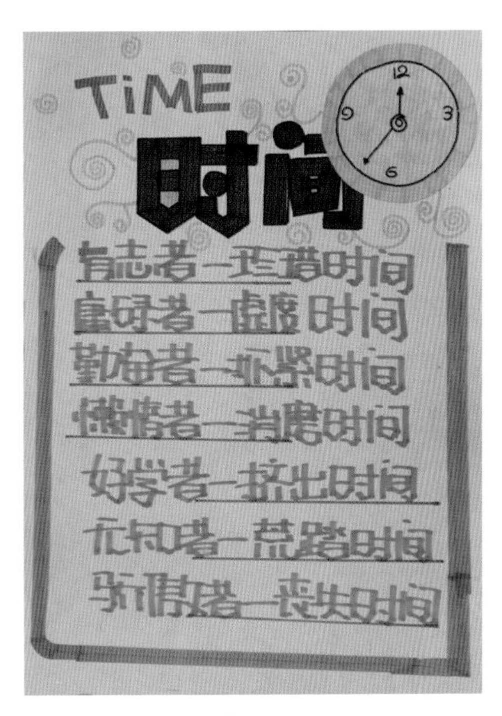

图6-77

图6-78中，夸张的驴子的造型让人们感觉到几分滑稽，使得画面避免了说教。

图6-79中，大红大绿的色彩、传统的中国娃娃以及和喜字的结合都给人带来了喜庆的味道。

图6-80中，可爱的财神举着元宝既轻松幽默又符合中国人“讨吉利”的祈愿。

公益类的标牌运用得越广泛越好（图6-81）。

图6-78

图6-79

图6-80

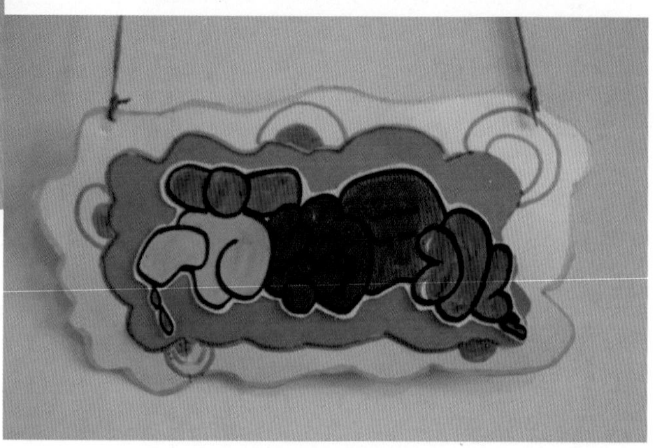

图6-81

6.3 POP广告电脑设计基础

随着电脑的普及和计算机技术的迅猛发展，使用电脑处理图像图形的技术已广泛地应用在广告设计中，POP广告也不例外，人们利用各种软件技术结合创作者丰富的想象力创造出完美的广告作品，数字化的图形图像通过电脑完美地展现在人们面前，同时制作出令人难以置信的逼真效果。

6.3.1 POP广告设计软件简介

（1）Photoshop

Photoshop是Adobe公司旗下最为出名的图像处理软件之一，作为首屈一指的图像编辑软件，Photoshop所具有的强大的图像处理功能集成了多种绘图、修饰和特设效果工具，使人们轻松达到理想的图像效果。从功能上看，Photoshop可分为图像编辑、图像合成、校色调色、文字文本及特效制作等。 熟练掌握Photoshop的各种功能，足以创作出引人入胜的意境和图像。

（2）CorelDraw

CorelDraw 是加拿大Corel软件公司的产品。它是一个基于矢量图的绘图与排版软件。其非凡的设计能力广泛地应用于商标设计、标志制作、模型绘制、插图描画、排版及分色输出等诸多领域，利用它可以方便快捷地做出各种各样的效果，制作设计出色彩绚丽的图画，可以说，在图形图像设计、图形图像处理、排版印刷方面，CorelDraw是目前最为理想的矢量图形设计软件，它可以让你随心所欲地创作。

（3）Painter

Painter，意为“画家”，是加拿大Corel公司的又一力作，Painter是基于栅格图像处理的图形处理软件。它结合了以Photoshop为代表的图像处理软件和以CorelDraw为代表的矢量图形软件的功能和特点，因而它实现了矢量图形和图像的转移，并且在图像的合成、特效处理、二维绘画等方面有着不俗的表现。Painter是数码素描与绘画工具的终极选择，是一款极其优秀的仿自然绘画软件，拥有全面和逼真的仿自然画笔。

图6-82 ～图6-89为用POP设计软件做出的POP示例。

图6-82

图6-83

图6-84

图6-85

特别推出
本店主打欧莱雅彩妆，美丽亮起来！
惊艳特长滋养睫毛膏 110.00元 86.00元
天然矿物质胭脂粉 元 36.00元
魅力炫彩液体唇膏 元 25.00元
纯美眼线笔 79.00元 34.00元

图6-86

感恩母亲
在这特殊的日子里祝妈妈永远
身体健康,永远快乐要比烦恼多。妈
妈你辛苦了，我爱你！

图6-87

图6-88

图6-89

6.3.2 POP广告电脑制作工艺

（1）写真

写真由于输出画面比较小，一般在室内使用，比如在卖场和专柜内使用的各种POP广告。写真机使用水溶性颜料，介质为相纸、灯片、绢和各种布材等，打印图片清晰度高、层次分明、画面细腻，打印精度可分为360dpi、720dpi、1400dpi等几种，最高精度可达到2400dpi。在输出图像完毕后还要覆膜、裱板才算成品。输出机型有罗兰、武藤、爱普生等。由于水性颜料受阳光直射容易褪色，因此不建议长时间放置在室外使用，在室内使用，在不受阳光直射的情况下通常可保持两年左右时间。输出图像分辨率一般只需72～100dpi，色彩模式使用CMYK或RGB，图片储存格式一般为TIF格式或PSD格式。

（2）喷绘

喷绘多用于室外，采用油性的墨水打印在广告布上，其特点是可以在户外严酷的环境下保持较长时间，画面能保持3～5年。为保证画面的持久性，一般设计时画面颜色应比显示器显示的颜色深一些。输出图像分辨率一般只需30～45dpi，色彩模式使用CMYK，图片储存格式一般为TIF格式或PSD格式。

（3）数码快印

数码快印，又称“短版印刷”或“数字印刷”，它是数字技术发展的结晶，数码快印可以一张起印、边印边改，还可使图文以各种介质进行传播，大大提高了数码成像的商业运用范围。幅面一般有A4、A3、加长等。值得一提的是万能数码彩印机，它可印刷任何材质，包括皮革、金属、亚克力、PC/PE/PP/PBT/PVC塑材、玻璃水晶、有机玻璃、KT板、瓷砖等各种材质。由于数码快印立等可取，可实现个性化需求，特别适合印量少、品种多、个性化强、时间紧的可变数据印件。

（4）电脑雕刻

电脑雕刻技术是由电脑雕刻机来完成的，它分为电脑雕刻和激光雕刻，采用软件控制加工。其工艺适用于各种标识、字体制作，可用于敷铜板、铝板、雕刻板、有机玻璃、即时贴等材质上任意雕刻或切割。它解决了以往手工制作速度慢、造型不规范、做工粗糙的难题，雕刻多应用在门楣标牌、艺术标牌、模型制作等方面。

图6-90～图6-92为POP广告电脑制作的教学实例。

图6-90

图6-91

图6-92

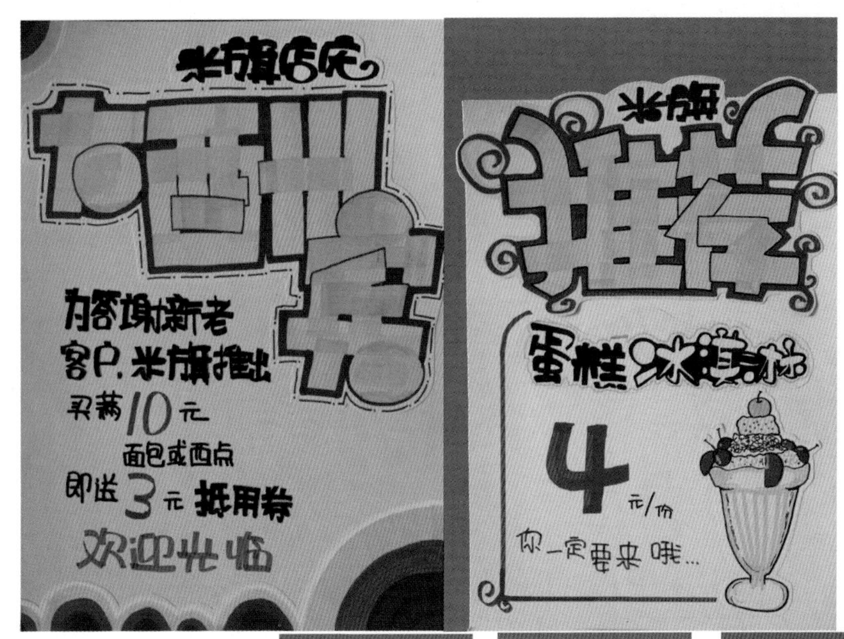

MAKY米旗

uropen
EuropeCake
米旗·欧派蛋糕

浓郁·味 经典·味

米旗·顶级焙烤专家

推荐经典 实惠买赠

活动内容

会员活动

会员充值100元赠20元 享七折优惠

会员充值100元赠20元 享九折优惠

实惠买赠

现金单次消费满15元赠5元产品

现金单次消费满20元赠5元产品

一元畅饮

店内指定饮品 一元一杯

网上订购：www.maky.com.cn

解放店 庆春店 朝晖店

MAKY米旗

yogoo
FruitCake
米旗·悠果蛋糕

自然·味 水果·味

米旗·顶级焙烤专家

新品出炉 实惠买赠

活动内容

会员活动

会员充值100元赠20元 享七折优惠

会员充值100元赠20元 享九折优惠

实惠买赠

现金单次消费满15元赠5元产品

现金单次消费满20元赠5元产品

一元畅饮

店内指定饮品 一元一杯

网上订购：www.maky.com.cn

解放店 庆春店 朝晖店

米旗系列POP 杨冰

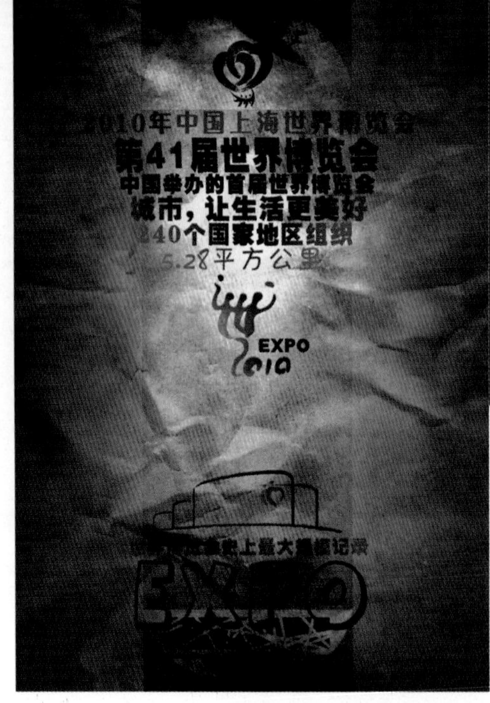

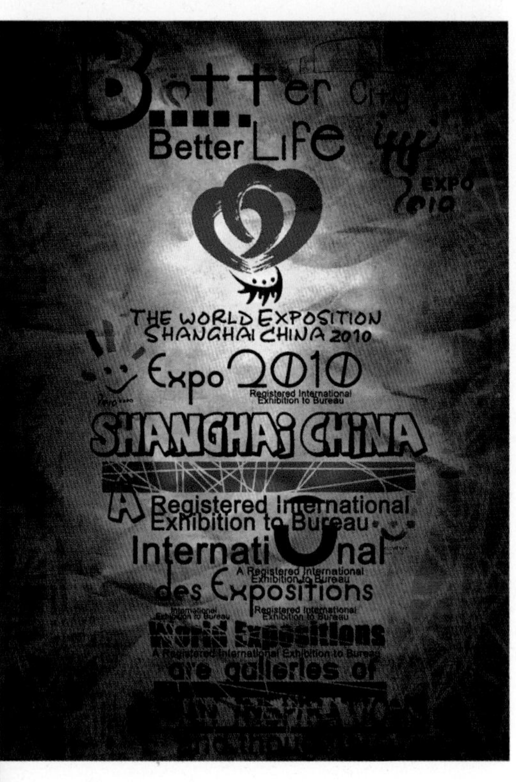

上海世博会系列POP　赵钰成（1）

上海世博会系列POP　赵钰成（2）

课后练习

作业：为一个产品或者活动做一套完整的系列化POP设计。

要求：要完成三件以上的系列化设计；

要包含立体、手绘、电脑绘制三个方面。

参考文献

[1] 杨猛，刘慧，王贝编著.POP手绘广告设计. 北京：印刷工业出版社，2009.

[2] 林华，张伟明编著. POP广告艺术设计. 武汉：湖北美术出版社，2009.

[3] 李新君编著. POP广告设计. 重庆：重庆大学出版社，2009.

[4] 吉郎工作室汇编. 中国POP新人秀. 沈阳：辽宁科学技术出版社，2007.

[5] 王猛编著. 手绘POP广告设计. 北京：海洋出版社，2006.

[6] 王猛编著. 手绘POP教程——字体篇. 沈阳：辽宁美术出版社，2008.

[7] 丛斌主编. 经典美食手绘POP. 沈阳：辽宁科学技术出版社，2006.

[8] 刘艺琴，郭传菁. 平面广告设计与制作. 武汉：武汉大学出版社，2002.

[9] Adobe公司【美】著. Adobe Photoshop 5.0/5.5资格认证培训教程. 北京：北京希望出版社，1999.

[10] 罗瑞兰，何雄飞，孙燕侠编著，广告设计. 武汉：湖北美术出版社，2006.

[11] 沈卓娅编著. 包装设计实训. 上海：东方出版中心，2008.

[12] 丛斌编著. 手绘POP基础. 长春：吉林美术出版社，2001.